大气科学研究与应用

（2014·2）

（第四十六期）

上海市气象科学研究所 编

气象出版社
China Meteorological Press

U0657088

图书在版编目(CIP)数据

大气科学研究与应用. 2014.2/上海市气象科学研
究所编. —北京:气象出版社,2014.12
ISBN 978-7-5029-5783-4

Ⅰ.①大…　Ⅱ.①上…　Ⅲ.①大气科学-文集　Ⅳ.①P4-53

中国版本图书馆 CIP 数据核字(2014)第 292823 号

出版发行:气象出版社
地　　　址:北京市海淀区中关村南大街 46 号　　　邮政编码:100081
总 编 室:010-68407112　　　　　　　　　　　发 行 部:010-68409198
网　　　址:http://www.qxcbs.com　　　　　　　E-mail: qxcbs@cma.gov.cn
策划编辑:沈爱华　　　　　　　　　　　　　　终　审:周诗健
责任编辑:蔺学东　　　　　　　　　　　　　　责任技编:吴庭芳
封面设计:刘　扬
印　　　刷:北京中新伟业印刷有限公司
开　　　本:787 mm×1092 mm　1/16　　　　印　张:9
字　　　数:230 千字
版　　　次:2014 年 12 月第 1 版　　　　　　　印　次:2014 年 12 月第 1 次印刷
定　　　价:25.00 元

本书如存在文字不清、漏印以及缺页、倒页、脱页等,请与本社发行部联系调换

《大气科学研究与应用》第三届编审委员会名单

顾　问：秦曾灏　朱永禔

主　编：徐一鸣

副主编：端义宏

委　员：（以姓氏笔画为序）

王守荣	王迎春	王以琳	边富昌	许健民	刘万军
李泽椿	李永平	李　文	陈联寿	陈双溪	沈树勤
邵玲玲	罗哲贤	周诗健	钮学新	柯晓新	钟晓平
徐一鸣	钱永甫	梁建茵	崔春光	曹晓岗	黄　炎
黄家鑫	董安祥	雷小途	端义宏		

前　言

　　《大气科学研究与应用》是由上海区域气象中心和上海市气象学会主办、上海市气象科学研究所编辑、气象出版社公开出版发行的大气科学系列图书。

　　自1991年创办以来，每年2本，至今共出版了46本，刊登各类文章600多篇，共约700多万字，文章的作者遍及于全国各地气象部门和相关大专院校，文章的内容几乎涵盖了大气科学领域的各个方面，以及和气象业务有关的一些应用技术。经过历届编审委员会的努力，《大气科学研究与应用》发展成为立足华东、面向全国，以发表大气科学理论在业务应用和实践中最新研究成果为主的气象学术书刊，在国内具有一定的知名度。作为广大气象科研和业务技术人员进行学术交流的园地，受到了华东地区乃至全国气象台站、气象研究部门和相关大专院校师生（包括港、台）的欢迎。

　　从2005年开始，根据各方面的意见，我们对本系列图书的封面和部分版式、内容进行适当的调整，例如在目录中不再划分成论文、技术报告和短论等栏目，而统一按文章的内容进行编排，使之更为符合本书刊所强调的理论研究与实际应用相结合的特色。

　　从2007年第2期（总第三十三期）起，《大气科学研究与应用》被《中国学术期刊网络出版总库》全文收录。

　　从2009年第1期（总第三十六期）起，《大气科学研究与应用》部分文章以彩色印刷出版。

　　与此同时，希望继续得到大家的关心和热情支持，对本系列图书存在不足和今后发展提出宝贵意见和建议，使《大气科学研究与应用》能更好地为广大气象科技工作者服务。

《大气科学研究与应用》第三届编审委员会

主编　徐一鸣

大气科学研究与应用

（2014·2）

目　录

Contents

2013年5月上海地区一次暴雨过程的可预报性分析

朱佳蓉

（上海中心气象台　上海　200030）

提　要

本文利用常规观测资料、物理量场、雷达回波资料及 PWV 可降水汽资料等，对 2013 年 5 月 16—17 日上海地区一次暴雨过程进行了综合分析，并对数值预报模式在中、短期时效内的可预报性进行分析。结果表明：①500 hPa 中高纬两槽一脊型，长江下游地区形成大陆高压脊与海上高压之间的低涡切变形势，导致整层系统东移缓慢；②15—16 日中低层低涡位置略偏西，上海附近仅切变形势，辐合条件稍差，16 日 20 时，700 hPa 低涡移近，低层至地面的倒槽曲率明显，辐合加强，且 1000 hPa 急流东撤，上海地区有风速辐合，导致强降水出现在 16 日半夜；③此次过程中 15—17 日上海地区的各类物理量指标差别较小，致使预报有一定难度；④低层雷达弱回波向西移，上层强回波向东移，且移速缓慢，回波停滞在上海西南部，造成暴雨；⑤不同数值模式的预报差异、模式预报的失败是导致暴雨过程空报和漏报的原因之一，但预报员还是过多依赖于数值预报，实况分析偏少。

关键词　暴雨　物理量　可预报性

0　引　言

暴雨是上海的主要灾害性天气，多数出现在暖季，春季（3—5 月）出现暴雨的概率较小。如果依据上海地区 11 个区县基准站的逐日 24 h（08—08 时）雨量资料，只要在 24 h 内上海市有一个基准站出现降水量≥50 mm 即作为一个暴雨日（个例）。对 2001—2012 年上海出现的 133 个暴雨日（个例）统计分析，发现 3—5 月仅有 9 个暴雨日，3 月为 2 个，4 月为 1 个，5 月为 6 个。国内外对春季暴雨过程的诊断分析和预报研究也取得了许多有价值的成果。吴建秋等[1]对江苏省 2010 年 4 月的一次暴雨过程进行了诊断分析，结果表明：东移的高空槽、中低层的西南涡切变及生成于云贵地区的江淮气旋的延伸倒槽，是造成此次暴雨过程的重要天气系统。张春喜等[2]对发生在山东的一次春季暴雨不稳定条件和对流触发机制进行了数值模拟研究。赵坤等[3]通过对两次春季暴雨过程的详细对比分析，探讨了其发生机理的异同。

2013 年 5 月 16 日夜间至 17 日上午，受高空槽、低空切变线和地面低压倒槽的共同

资助项目：公益性行业（气象）科研专项（GYHY201306010）。

作者简介：朱佳蓉(1971—)，女，上海人，高级工程师，从事暴雨、台风等预报工作及相关领域的研究；
E-mail：zhujrsh@126.com。

影响,上海市普降中到大雨、局部地区有暴雨。雨量分布不均,暴雨区分为南北两块(图1a黑色圈所示),北面集中在宝山区的西北部,另一块分布在青浦、松江、金山等区的南部,其中金山测站日降水量达 57.2 mm,以金山区枫泾镇的 102.1 mm 为最大,金山区兴塔镇的 85 mm 次之(图1b黑色圈所示)。强降水时段主要集中在 17 日 01—05 时,其中金山区枫泾镇 02—03 时为 21.7 mm/h,03—04 时为 19.9 mm/h。

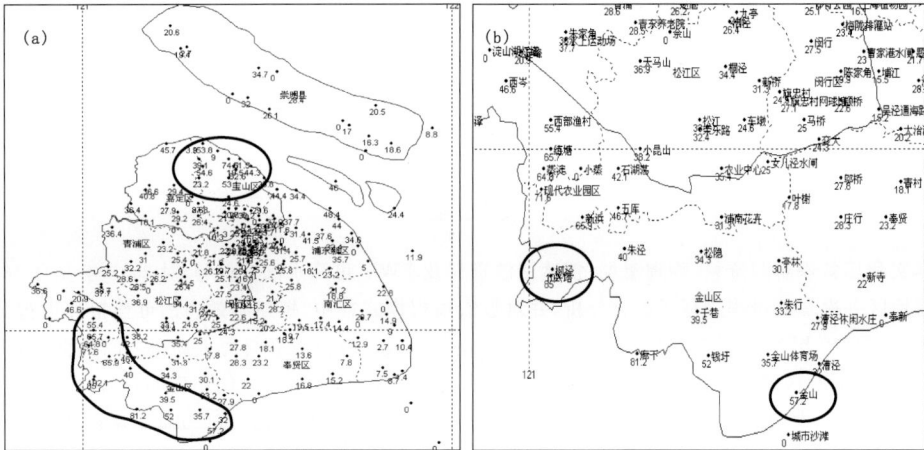

图1　2013 年 5 月 16 日 20 时—17 日 20 时自动站累计雨量(单位:mm)
(a)上海全市范围;(b)上海西南部地区

此次过程是一次连续性降水过程,降水从 15 日夜里开始,至 17 日早晨结束。上海中心气象台在 15 日 17 时对外发布强降雨消息:受低压槽和切变线共同影响,今天夜里到明天白天本市将有一次较明显降水过程,过程雨量普遍可达中到大雨(降水量 20～40 mm),南部地区有大雨到暴雨(降水量 40～60 mm),并伴有短时强降水和弱雷电活动,主要强降雨时段在今天下半夜到明天上午。但事实上 15 日 20 时到 16 日 20 时,上海北部地区为中到大雨,南部地区雨量中等(图2),没有一个站点出现暴雨。而在 16 日 17 时对

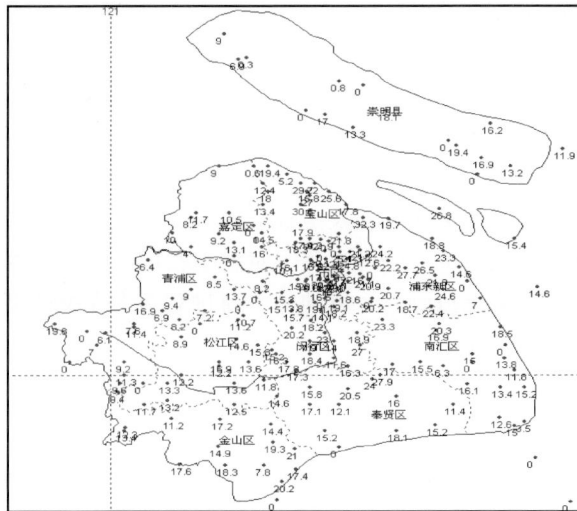

图2　2013 年 5 月 15 日 20 时—16 日 20 时上海自动站累计雨量(单位:mm)

外发布：阴有雨，北部地区雨量中等，明天阴有间歇性阵雨。此预报与实况不符。从短期预报时效内分析，15 日 20 时—16 日 20 时暴雨预报属空报，而 16 日 20 时—17 日 20 时为暴雨漏报。

　　本文用常规观测资料、物理量场、雷达资料及 PWV 可降水汽资料等，对此次暴雨过程进行环流背景及影响系统的综合分析，并对欧洲中期天气预报中心全球预报模式（以下简称 EC）、美国国家环境预报中心全球预报系统（以下简称 GFS）、日本气象厅（以下简称 JMA）及上海区域数值预报模式（SMB-WARMS）对此次暴雨过程在短、中期时效内的可预报性进行分析，旨在对今后暴雨过程数值预报的有效应用有所借鉴，以提高上海地区春季暴雨的预报能力。

1　环流背景及影响系统

1.1　500 hPa 环流形势

　　此次过程中从 15 日 08 时起，500 hPa 环流形势稳定，系统东移速度慢。图 3 是 2013 年 5 月 16 日 08 时 500 hPa 高空图。图中可以看到，500 hPa 中高纬呈现两槽一脊型：贝加尔湖西侧为低槽区，鄂霍次克海有低涡存在，槽底伸至日本列岛南部，我国东北地区则是脊区。由于鄂海低涡移速缓慢，稳定存在，使其后侧 120°E 的高压脊减速，导致中纬度在长江下游地区形成大陆高压脊与南侧海上高压之间的切变形势，造成整层系统东移缓慢。直至 17 日 08 时（图略），随着北支贝加尔湖西侧的低槽东移，长江下游的切变形势被破坏，转变为短波槽东移，降水过程减弱。

图 3　2013 年 5 月 16 日 08 时 500 hPa 高空图（实线为 dagpm 等高线）

1.2　中低层形势特征

　　在 5 月 16 日 08 时 700 hPa 高空图上（图略）长江中下游地区为低涡切变形势，低涡中心位于安徽西部，上海处在准静止切变附近，850 hPa 形势与 700 hPa 的较一致，上海处在切变线北侧。西南低空急流位置偏南，主要位于华南至江南南部，但在 850 hPa 图上，上海至河南南部有偏东急流,风速达 14～16 m/s。在 925 hPa 图上的相同位置有风速为 14～18 m/s 的超低空东到东北急流,输送来自东海的水汽。从系统的上下层配置来看 (图 4a),15—16 日 20 时整层为切变形势,系统东移慢,且中低层低涡位置略偏西,上海尽管有水汽输送,但动力条件稍差,因此,暴雨区在 700 hPa 高空图上低涡移向的前侧(安徽中东部、江苏中西部),上海累计雨量未达到暴雨程度。到 16 日 20 时 700 hPa 切变线上在太湖附近有弱的低涡生成(图略),气压场上分析不出闭合等值线,但风场上有低压环流,低层仍维持低空和超低空偏东急流。从系统的上下层配置来看(图 4b),随着高空短波槽(由切变转变为短波槽)东移,位于太湖附近的强雨区也逐步东移,从而在上海局部地区产生暴雨。

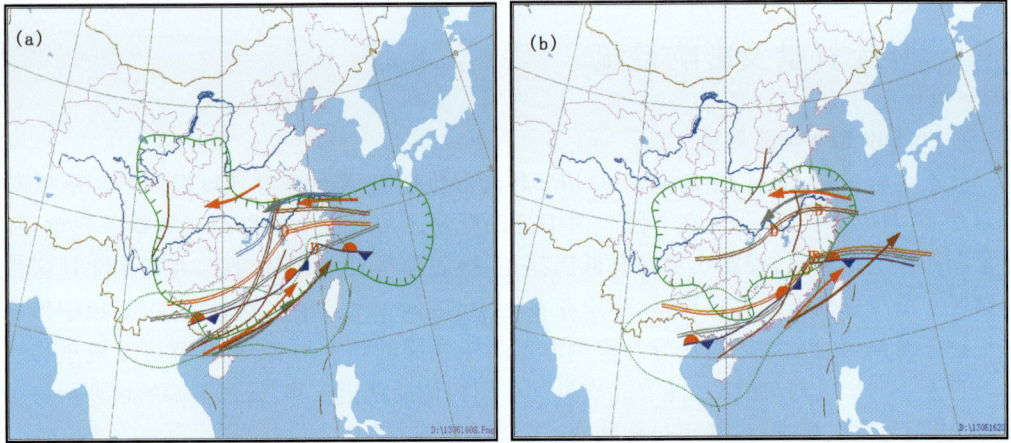

图 4　2013 年 5 月 16 日系统综合图(图例说明见表 1)

(a)08 时;(b)20 时

表 1　系统综合图分析中的各种标识说明

图标	说明	图标	说明
	500 hPa 槽线		500 hPa 低涡切变线
	700 hPa 低涡切变线		700 hPa 急流(风速≥12 m/s)
	850 hPa 低涡切变线		850 hPa 急流(风速≥12 m/s)
	925 hPa 急流(风速≥12 m/s)		静止锋
	850 hPa≥16℃的等露点温度线		700 hPa $T-T_d$≤3℃区域

另外,从 EC 细网格 16 日 08 时、20 时 850 hPa(图 5a)及 925 hPa(图 5b)分析场对比可以看出:08 时 850 hPa、925 hPa 上海至皖南是一致的偏东风,而到 20 时,风向顺转为东南风,有弱的倒槽切变在上海西侧,意味着在 20 时低层至地面倒槽的曲率明显,辐合加

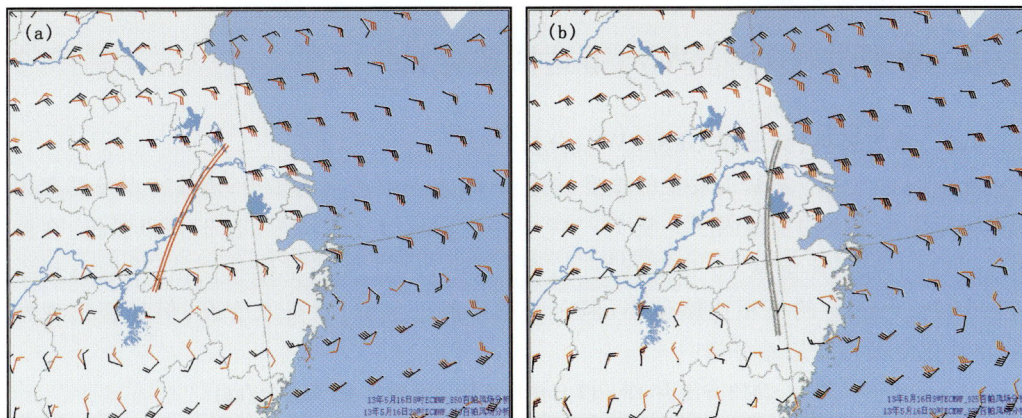

图 5 EC 细网格 2013 年 5 月 16 日 08 时、20 时 850 hPa(a)及 925 hPa(b)分析场对比
(黑色:08 时风场;红色:20 时风场)

强。据统计分析显示:多数暴雨落区出现在低层流线或气压场气旋性曲率最大处。同时,在 1000 hPa 上(图 6),15 日 20 时,上海沿海超低空急流弱,至 16 日 20 时,海上济州岛至东海北部一致的东北东急流,上海处在急流的末端,有明显的风速辐合。因此,从低层风场上看,风向的切变及风速的辐合使得 16 日 20 时—17 日 20 时似乎更利于出现明显降水。

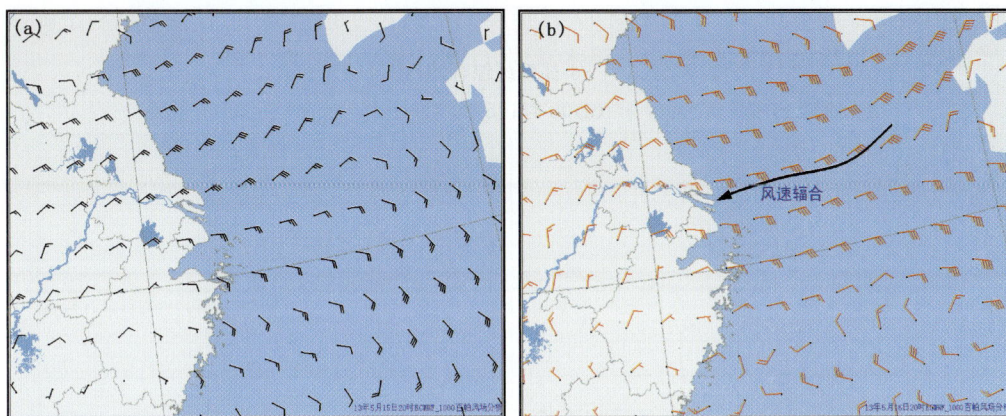

图 6 EC 细网格 2013 年 5 月 15 日 20 时(a)及 16 日 20 时(b)1000 hPa 风场分析

综合分析表明:500hPa 中高纬两槽一脊型,长江下游地区形成大陆高压脊与海上高压之间的低涡切变形势,造成整层系统东移缓慢。15—16 日中低层低涡位置略偏西,上海附近切变形势,尽管偏东急流强,但位置偏西,辐合条件稍差,强降水出现在安徽中东部、江苏中西部;16 日 20 时,700 hPa 低涡移近,低层至地面倒槽的曲率明显,辐合加强,且 1000 hPa 急流东撤,上海本地有风速辐合,导致上海在 16 日夜间有强降水出现。

2 物理量、GPS/PWV、雷达回波分析

2.1 水汽条件(比湿和 GPS/PWV)分析

充足的水汽供应是暴雨发生的重要物理条件,大气中水汽的多少、传输特点及其聚集度是决定降水大小的重要因子。从 15—17 日中低层比湿分布情况(表 2)可以看出:在此次过程中,中低层比湿从 15 日 20 时开始增大,至 17 日 20 时都维持高值,尽管与夏季 850 hPa≥14 g/kg 的值相比略偏小,但在春季可能已足够,对降水有利,但是否出现暴雨,单从比湿条件看较难分辨。

表 2   2013 年 5 月 15—17 日中低层比湿分布情况(单位:g/kg)

层次(hPa)	15 日 08 时	15 日 20 时	16 日 08 时	16 日 20 时	17 日 08 时	17 日 20 时
700	1	8	8	9	8	8
850	6	11	11	11	11	11
925	6	13	12	12	12	12

另外,大气中水汽含量越高,越有利于形成暴雨。从上海金山 GPS 站测得的大气可降水量(PWV)可看到大气可降水量(GPS/PWV)的动态变化(图 7)。从 15 日中午起 PWV 值迅速增加,15 日 17 时至 17 日 08 时,PWV 值均在 50 mm 以上,说明上海已具备产生强降水的水汽条件。据多年统计分析[4],5 月出现降水的 PWV 阈值≥35 mm,强对流降水的阈值≥55 mm,16 日下午到 17 日早晨 PWV 值均超过 55 mm,似乎更利于降水强度的增大。以后随着短波槽东移,降水减弱,GPS/PWV 值有所下降。

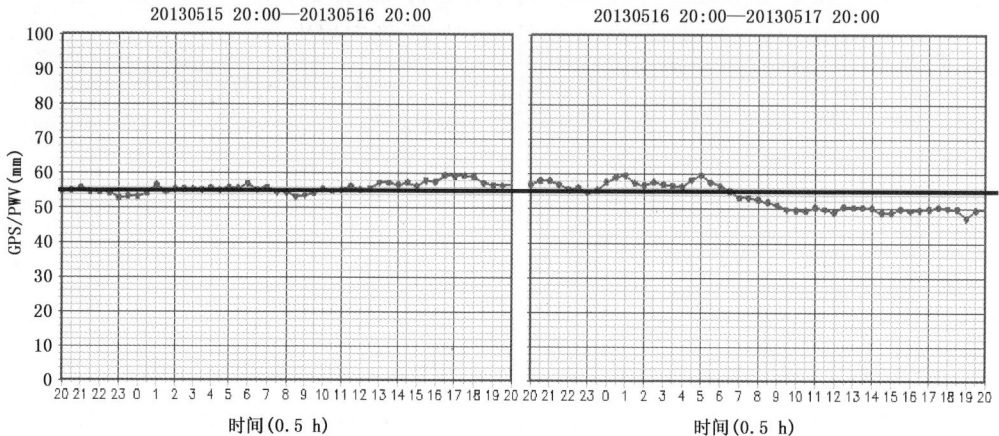

图 7   2013 年 5 月 15 日 20 时—17 日 20 时金山站大气可降水量(GPS/PWV)动态变化

2.2 动力条件分析

大气中的水汽凝结和降水过程与上升运动有密切联系,垂直速度与强降水的对应关系比较好,暴雨总是发生在大范围的上升运动区内。分析国家气象中心提供的 T639 全球谱模式系统分析的 16 日 20 时垂直速度图可知:500 hPa 图上上海附近均为弱的上升运动区(图略),但在 600 hPa 图上(图8)16 日 20 时,上海西部地区有−0.4 hPa/s 的上升

运动中心，有利于降水强度的加大，这可能与短波槽的东移有关。

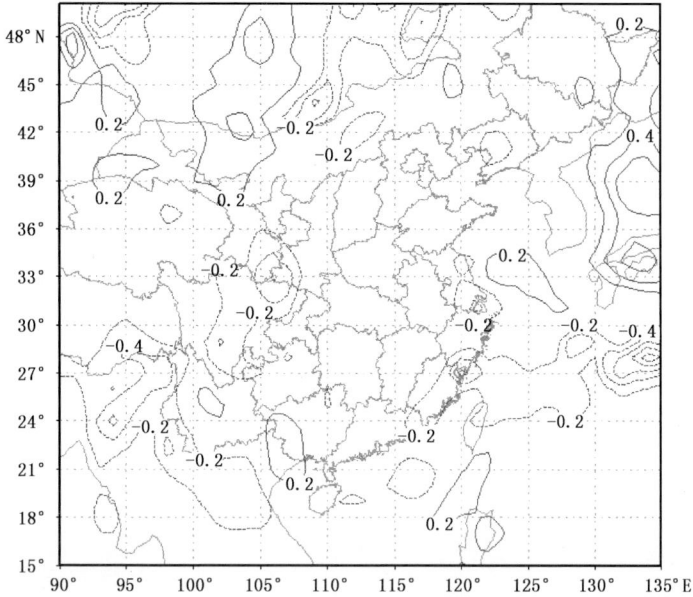

图 8　2013 年 5 月 16 日 20 时 600 hPa 垂直速度（单位：hPa/s）

2.3　热力条件分析

在此次降水过程中，15—16 日在对流层中低层 850 hPa 图上（图 9，T639 模式提供），从云贵高原经湖南、江西到杭州湾一直维持着 $\theta_{se} \geqslant 335$ K 的高能舌，上海位于高能舌顶部，达 $330 \sim 335$ K，K 指数达 33 ℃。从热力条件分析，15 日 20 时至 17 日早晨时段内差别不大。但从单站探空资料看（图略）：15 日 20 时，不稳定层次位于 $600 \sim 400$ hPa，600 hPa 以下为稳定层结。而 16 日 20 时，不稳定层增多，且层次在下降，$400 \sim 450$ hPa、500

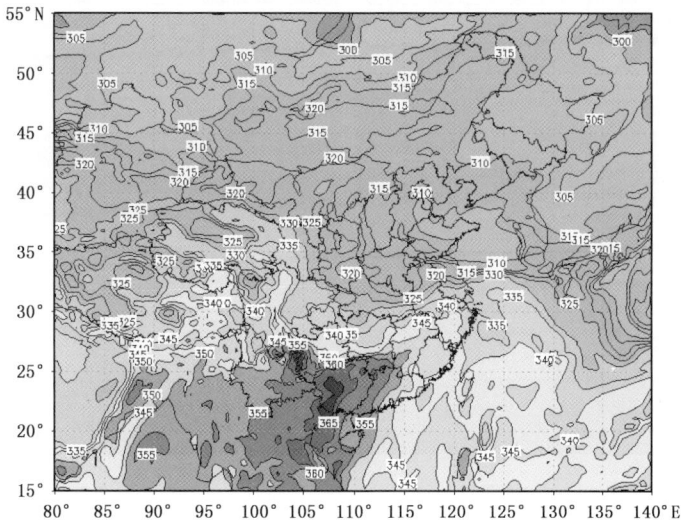

图 9　2013 年 5 月 15 日 20 时 850 hPa θ_{se} 分布图（单位：K）

～700 hPa 及 925～1000 hPa 均为不稳定层,可能也利于 16 日 20 时后降水的加大。

因此,从暴雨产生的三要素条件分析,15 日 20 时至 17 日早晨,上海地区的物理量指标差别较小,给预报带来了一定的难度。

2.4 雷达回波分析

图 10 分别是 16 日白天到 17 日凌晨部分时次的基本反射率图,可以看出,此次过程总体表现为积云—层状云混合降水回波特征,但 16 日前期降水回波零散,回波强度普遍在 20～25 dBz,而从 17 日 00 时起在上海西南侧有回波强度≥30 dBz 的回波发展,其间夹杂着强度 40～45 dBz 的对流回波团(图中圆圈所示),在高空气流的引导下,向偏东方向移动。由于此次过程中中层 500 hPa 为西南西风及低层 1000～850 hPa 为强劲的偏东风,形成垂直方向的风切变,因此雷达上显示低层弱回波向西移,而上层强回波向东移,且移速缓慢,回波停滞在某个地方,而上海西南面的部分地区正受此影响。尽管回波强度不大,回波顶高也仅 6～7 km,明显低于夏季对流性短时强降水对流云团的回波顶高,1 h 雨强为 10～20 mm,但累积雨量就达到了暴雨程度。

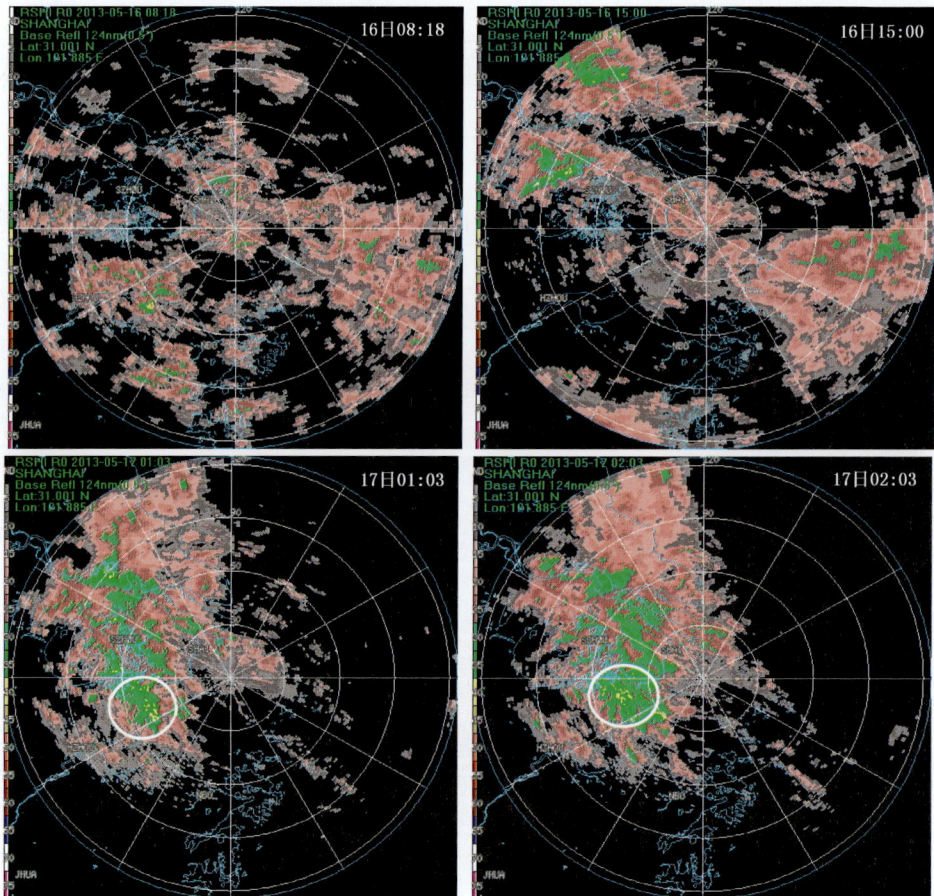

图 10   2013 年 5 月 16—17 日部分时次的基本反射率图

3 模式在中、短期预报时效内的可预报性分析

3.1 模式在中期预报时效内的可预报性

72 h 以上属于中期预报时效。对于春季或春末夏初，高空的基本气流为平直的西风，多小波动，是气旋活动最频繁的季节，也就构成了春季天气多变的特点，因此各模式对西风带短波槽脊的移动、位置及强度的预报在中期预报时效内有时差别会较大，使我们对预报降水过程的起始时间、降水强度等有一定的难度。对于 15—17 日的降水过程，模式之间就存在这个问题。图 11 分别是日本（JMA）细网格、EC 细网格及 GFS 12 日 20 时起报的 15 日 20 时 850 hPa 风场（更长时间差别更大），可以看出：JMA 和 EC 预报的低涡位置较接近，位于湖南北部，而同一时次 GFS 预报的低涡位置已在浙江中东部，因此出现大降水时段明显不同，EC 预报在 16 日下午至半夜上海东部、南部地区降水明显，有出现暴雨的可能；而 GFS 预报强降水时段出现在 15 日 20 时前后，两者相差近 20 h，JMA 预报此次过程上海无明显降水，强雨带位于浙江中南部。而 13 日 20 时起报的 16 日 08 时 850 hPa 风场分析（图略）表明：EC 预报的低涡移动速度比前一时次加快，且长江下游地区的偏东位置急流明显加强，强降水时段提前至 16 日 08 时前后，但雨量略减少，仅预报 15 日 20 时—16 日 20 时南部地区为大雨，16 日 20 时以后为小到中雨；GFS 预报的低涡则略微往后调整，强降水时段趋于一致；JMA 预报的雨带位置仍偏南，上海仅南部地区出现 10 mm 以上降水，时段在 15 日 20 时—16 日 20 时，16 日 20 时以后基本无降水。上海区域预报模式 SMB-WARMS 从 13 日 20 时开始起报此次过程，从图 12 可以看出：由于其低涡及切变线位置较 EC 偏南约 1 个纬距，强雨带明显偏南。

总的来说，在中期预报时效内（12 日 20 时起报）：低层 850 hPa 低涡位置差别较大，GFS 比 EC 快近 24 h，且位置偏南，导致预报强降水时间相差大，而在 13 日 20 时起报的时效内，模式之间在低涡移速的预报上差异缩小，但位置仍有差别，同时各模式本身对低涡位置的强度、移速有所调整，导致 15 日 20 时—16 日 20 时及 16 日 20 时—17 日 20 时两个时间段内降水量级的不确定性加大，而前一时次出现暴雨的可能性更大，正好与实况相反。因此，在中期预报时效内预报 16 日 20 时至 17 日 20 时的暴雨过程有一定难度。

3.2 模式在短期预报时效内的可预报性

短期预报时效内，从 14 日 20 时起报的 16 日 08 时 850 hPa 风场（图 13）可见：JMA 和 EC 对低涡位置的预报相差不大，位于江西北部，但对暖式切变的位置，JMA 预报在 29°N，切变线北侧的偏东气流弱；EC 则预报暖式切变在 30°N，同时其北侧有强劲的东到东南急流，风速达 14～22 m/s；而 GFS 预报的低涡、切变线及急流位置均更偏北。在这种背景下，EC 预报强降水时段在 15 日夜间至 16 日中午，上海大部 24 h 雨量可达暴雨级别（图 14a），而 16 日 20 时—17 日 20 时降水减弱，仅南部地区为中等降水（图 14b）。GFS 预报强降水时段与 EC 较一致，但由于其低涡、切变线位置偏北，强雨带也偏北，15 日 20 时—16 日 20 时上海北部地区有暴雨。JMA 由于预报急流弱，强雨带仍位于浙中南，上海仅为小雨。经对 15 日 08 时 850 hPa 风场实况检验分析表明（图 13d）：EC 的风场预报与实况更接近，在短期预报时效内，EC 的预报可信度更高。因此，15 日 17 时对外发布了强降雨消息：今天夜里到明天白天过程雨量普遍可达中到大雨（降雨量 20～40 mm），南

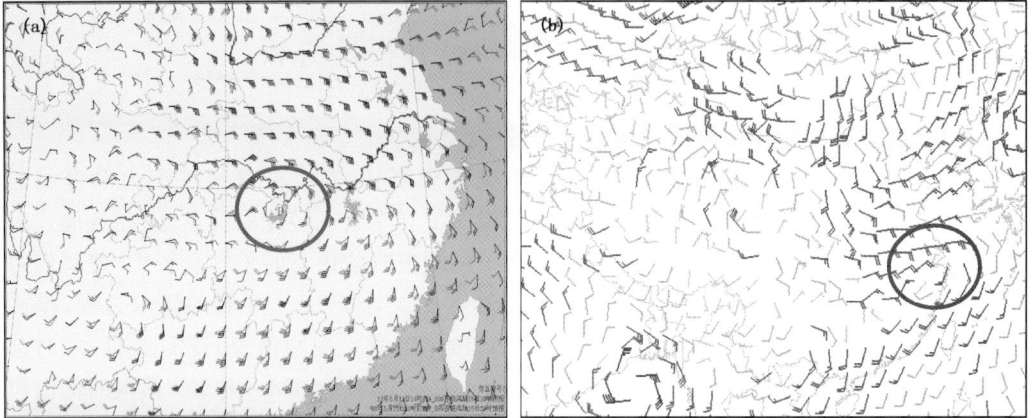

图 11　2013 年 5 月 12 日 20 时起报的 15 日 20 时 850 hPa 风场
(a)红色为 JMA,黑色为 EC;(b)GFS

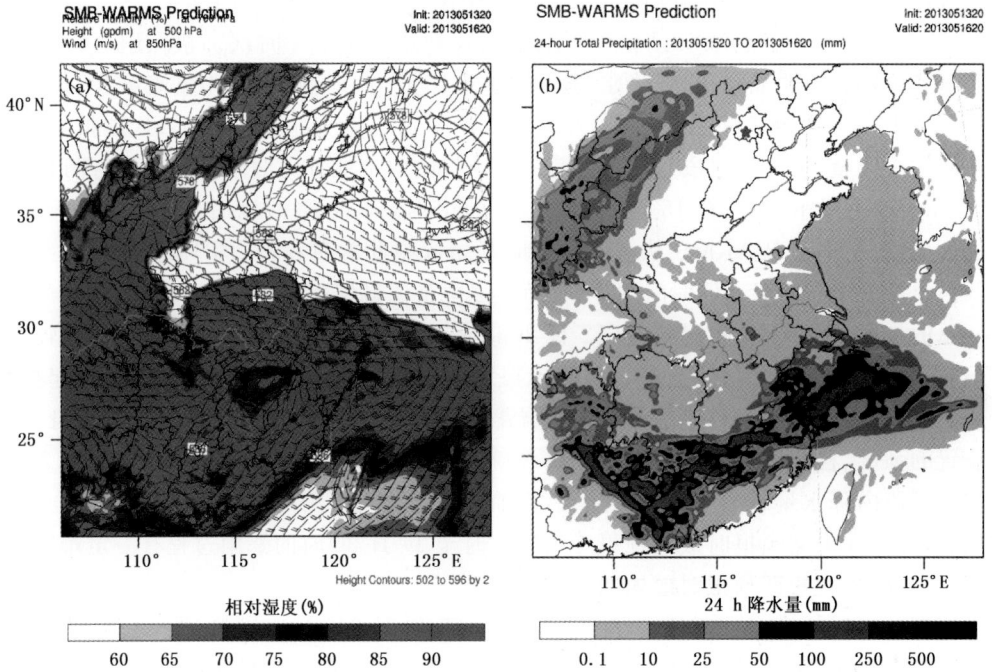

图 12　SMB-WARMS 2013 年 5 月 13 日 20 时起报的 16 日 20 时 850 hPa 风场(a)
及 15 日 20 时—16 日 20 时累积雨量(b)

部地区有大雨到暴雨。但从 15 日下午的实况地面图及雷达回波拼图上可看出:实况强雨带的移动速度明显比模式预报偏慢。

据 16 日 20 时—17 日 20 时的过程,分析 15 日 20 时起报的模式预报:EC 预报 6 h 雨量最强时段在 16 日 14—20 时,且出现在上海北部地区(图 15a),16 日 20 时以后雨区明显南移减弱(图 15b),鉴于 EC 预报 16 日 08 时 850 hPa 风场与实况较吻合,认为它的预报仍是可信的。最新时次 16 日 08 时起报的日本传真图(图略)显示,16 日 20 时以后上

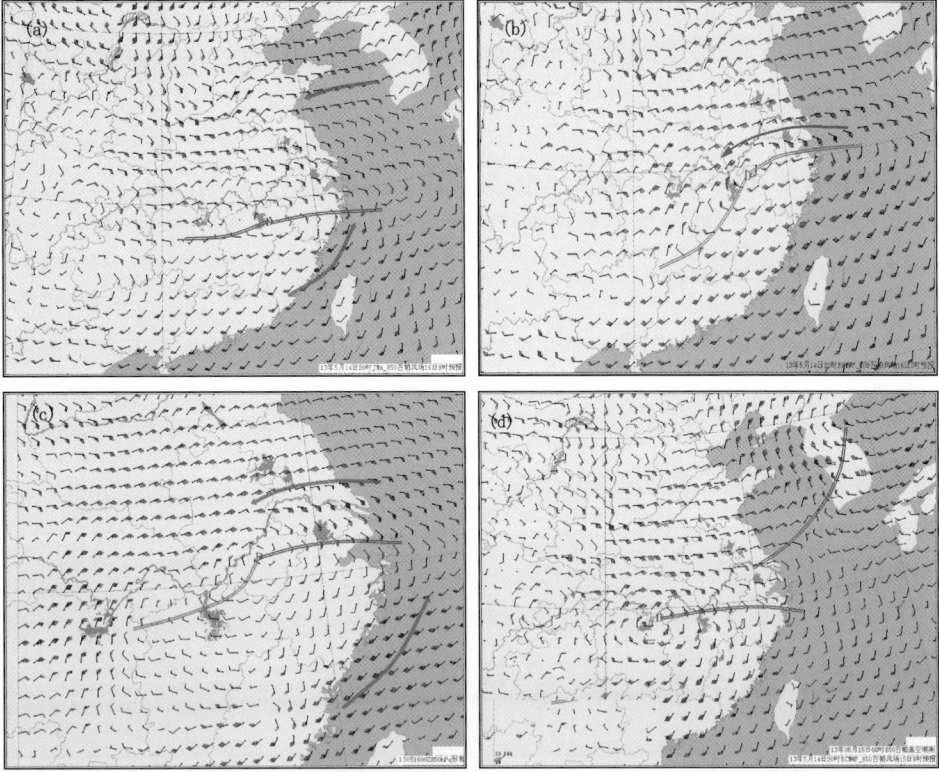

图 13　各模式 2013 年 5 月 14 日 20 时起报的 16 日 08 时 850 hPa 风场及 15 日 08 时 EC 850 hPa 风场检验
(a)JMA;(b)EC;(c)GFS;(d)红色:实况,黑色:EC 预报

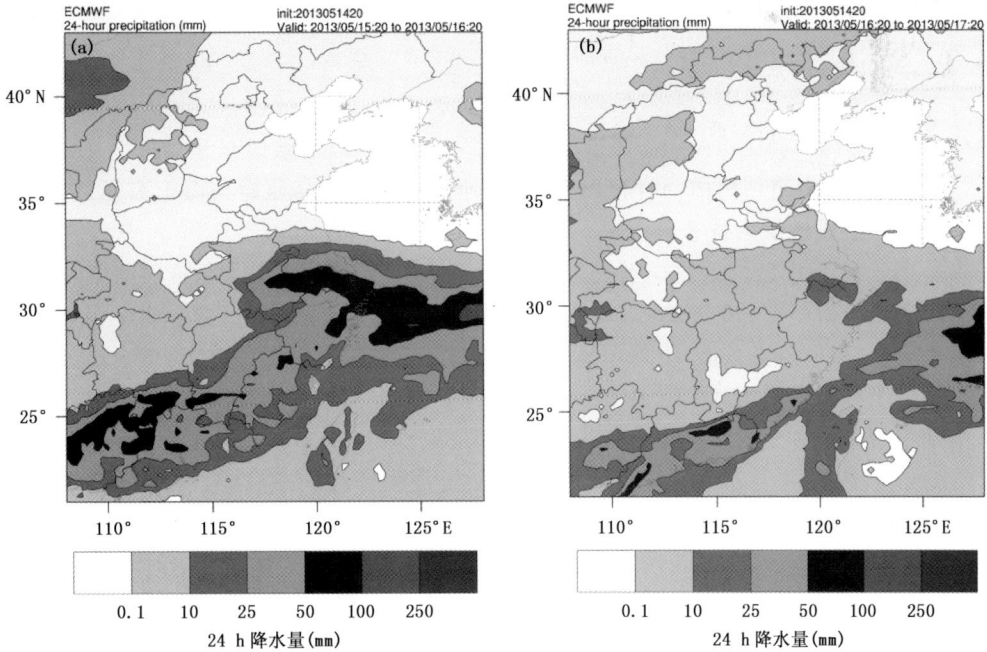

图 14　EC 预报 2013 年 5 月 15 日 20 时—16 日 20 时(a)、16 日 20 时—17 日 20 时(b)24 h 雨量

海地区降水仅为小雨。但上海区域模式 SMB-WARMS 预报在 17 日 02 时之前北部地区雨势明显,有中等以上降水(16 日 08 时起报,图略)。基于以往对 24 h 预报检验的效果及实况的分析,我们在 16 日 17 时对外发布:阴有雨,北部地区雨量中等,明天阴有间歇性阵雨。

由于惯性思维,过多依赖于数值预报,没有对实况进行更细致的分析,因此模式预报的失败也导致我们在短期预报时效内对 15 日 20 时—16 日 20 时的暴雨空报,16 日 20时—17 日 20 时的暴雨漏报。

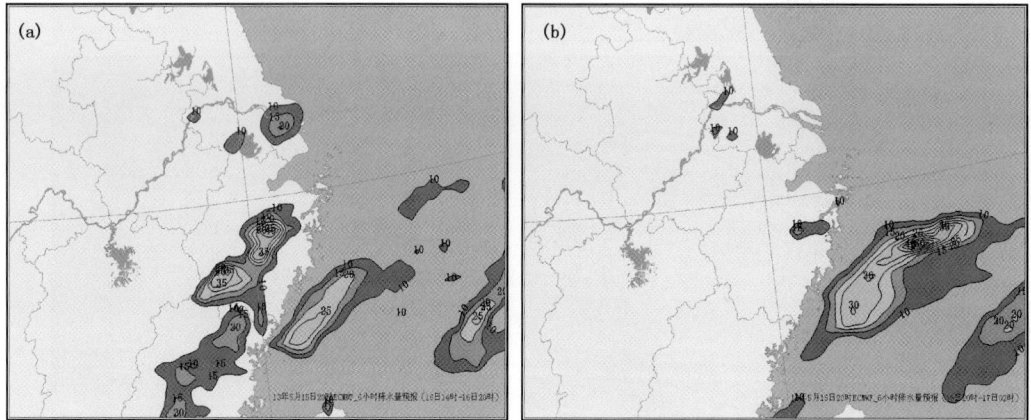

图 15　EC 2013 年 5 月 15 日 20 时起报的 16 日 14—20 时(a)、16 日 20 时—17 日 02 时(b)6 h 雨量
(单位:mm)

4　结语

通过对 2013 年 5 月 16—17 日暴雨过程的分析,得到以下结论:

(1)500 hPa 中高纬两槽一脊型,长江下游地区形成大陆高压脊与海上高压之间的低涡切变形势,造成整层系统东移缓慢。

(2)15—16 日中低层低涡位于安徽,上海附近仅为切变形势,尽管偏东急流强,但位置偏西,辐合条件稍差;16 日 20 时,700 hPa 低涡移近,低层至地面倒槽的曲率明显,辐合加强,且 1000 hPa 急流东撤,上海本地有风速辐合,导致强降水出现在 16 日半夜。

(3)由于是春季暴雨,在 15 日 20 时至 17 日早晨,上海地区的各类物理量指标差别较小,给预报带来了一定的难度。

(4)17 日凌晨雷达上低层弱回波向西移,而上层强回波向东移,且移速缓慢,回波停滞在上海西南部,造成当地的暴雨,其主要原因是中层西南西风、低层偏东风,形成垂直方向的风切变。

(5)从模式在中、短期预报时效内的可预报性看:模式之间预报的差异、模式本身预报的失败是导致暴雨过程空报和漏报的原因之一,但预报员还是过多依赖于数值预报,实况分析偏少,以后是否有能力在实况分析的基础上对模式预报做出一定的订正,须进一步深入探讨。

参考文献

[1]　吴建秋，黄坤祥，史诗杨，等. 对江苏省 2010 年 4 月一次春季暴雨过程的诊断分析[C]. 第 27 届中国气象学会年会灾害天气研究与预报分会场论文集，2010.

[2]　张春喜，朱佩君，郑永光，等. 一次春季暴雨不稳定条件和对流触发机制的数值模拟研究[J]. 北京大学学报(自然科学版)，2005，**41**(5)：746-753.

[3]　赵坤，王月兰，王培涛. 两次春季暴雨过程的对比分析[J]. 安徽农业科学，2009，**37**(28)：13687-13690.

[4]　叶其欣，杨露华，丁金才，等. GPS/PWV 资料在强对流天气系统中的特征分析[J]. 暴雨灾害，2008，**27**(2)：141-148.

Analysis of the Predictability of a Rainstorm Event in 16−17 May 2013

ZHU Jiarong

(*Shanghai Meteorological Center，Shanghai*　200030)

Abstract

By using the data of conventional observation, physical field, radar echo, the precipitable water vapor (PWV) and so on, the prediction of heavy rainfall in Shanghai during 16−17 May 2013 was investigated. In addition, the predictability of model at short and medium lead time was also analyzed. The results showed below. (1) Because of the shear of vortex between the continental high pressure and the marine high pressure in the lower reaches of the Yangtze River at 500 hPa, the whole layer system moved eastward slowly. (2) From 15 to 16 May, the vortex at the middle and low levels deviated to the west side a bit, the conditions of shear and convergence were slightly worse. At 20:00 BT 16, the vortex at 700 hPa moved to Shanghai. The curvature of the inverse trough from sea surface level to low level increased significantly, and the intensity of convergence strengthened. Meanwhile, the jet stream of 1000 hPa withdrew to the east. There was convergence of wind in the local. Therefore the heavy rainfall occurred on the midnight of 16 May. (3) The small difference among various types of indexes of physical quantity brought a certain difficulty of forecast. (4) The weak radar echo in low level moved westward, whereas the strong echo in the high level moved in the opposite direction slowly, and it finally led to heavy rainfall. (5) The discrepancy among model predictions and the failure forecast of model led to the missing and empty forecast of the heavy rainfall. This phenomenon indicated that forecasters are still too relied on numerical prediction and lack of the actual analysis.

上海世博园区近地层风分布特征分析

杨通晓　谈建国　常远勇

（上海市气象科学研究所　上海　200030）

提　要

本文选取世博园区 2010 年 5 月 1 日—2011 年 4 月 30 日期间,资料完整的 18 个自动气象站的风场观测数据进行分析,采用时间、空间一致性方法,实现观测资料质量控制,结合高分辨率 ArcGIS 矢量化地理信息数据,分析世博园区风场的分布特征。研究表明,在相同的背景风场下,周边环境的差异对各站点风向、风速频率的分布和近地面层垂直风廓线特征有明显影响,这与周边环境建筑物和障碍物的粗糙高度密切相关。本文为进一步理解和认识城市冠层内的大气要素特征分析提供基础,为观测资料的综合利用积累经验。

关键词　质量控制　ArcGIS　风速、风向频率

0 引　言

随着近几十年中国经济的发展,城市化也进入了空前发展的阶段,城市中下垫面类型的改变和工业、交通、商业等人类活动改变了局地的地貌和能量平衡,也影响着城市区域风场的分布。风的分布不仅对天气变化有重要的作用,而且还会影响当地的污染物扩散,尤其在建筑物密集区改变空气流动和湍流的自然特性,对大气边界层结构产生很大的影响。传统的区域性地面风场变化规律已有许多学者进行了总结[1],国外学者在探讨城市热岛时,也分析了热岛与地面风场间的关系[2-5],提出了不同的临界风速。根据加密观测资料和卫星遥感资料,丁金才等[6]分析指出,风向是影响上海地区城市热岛范围最主要的气象因子,地面风造成城市热岛向下风方扩展。陈燕等[7]利用区域边界层模式,模拟了建筑物对城市风场的影响,发现建筑物一般会使城市地区风速减小,风速最大可减小 1.6 m/s,建筑物对城市气流及边界层结构的影响在风速较大时尤为明显。但是,城市冠层内风具有哪些分布特征很难得到观测验证和揭示。为了服务 2010 年上海世博会,在园区不同的下垫面环境下建设了几十个自动气象站,为研究中心城区复杂下垫面环境下风的分布特征提供了基础条件。本文选取世博园区 2010 年 5 月 1 日—2011 年 4 月 30 日期间,

资助项目:上海市气象局研究型业务专项(YJ201206)。

作者简介:杨通晓(1983-),女,江苏省南通人,工程师,主要从事城市气象研究;
　　　　　E-mail:ytx1105@qq.com。

资料完整的 18 个自动气象站风场观测数据进行分析，结合高分辨率 ArcGIS 矢量化地理信息数据，探讨不同环境下站点风向、风速频率分布特点，同时分析了世博园区近地面层垂直风廓线特征，并找出可能的影响因素。这些工作为进一步理解和认识城市冠层内的大气要素特征分析提供基础，为观测资料的综合利用积累经验。

1 资料来源

2010 年上海世博会举办期 5—10 月正值台风、强对流天气、雷电、高温等高影响灾害性天气的频发期。气象部门针对上海的天气气候特点，在世博园区布设了 25 个世博综合气象站，提供高质量、精细化、个性化的气象服务，从气象角度诠释"城市让生活更美好"的主题，大力保障 2010 年上海世博会的成功举办。这 25 个气象站的观测工作从 2010 年 3 月开始，世博会结束后有一些站陆续停止了观测工作，各站基本情况及资料工作时段如表 1 所示。本文为保证数据的完整性，选取 2010 年 5 月 1 日—2011 年 4 月 30 日内持续工作的 18 个站（如图 1 所示"▲"标记站点；江面取水口站因缺测数据较多，本文在分析时未考虑该站），本文所使用的风观测资料为小时资料。

表 1 世博园区综合气象站情况

序号	站名	观测高度（m）	下垫面环境	资料时段（年/月/日/时：分）	
				开始	结束
1	江面取水口	10	水面	2010/03/10/00：00	至今
2	世博气象站	10	草地	2010/03/27/17：00	至今
3	后滩公园	10	草地	2010/03/20/12：00	至今
4	世博公园	10	草地	2010/03/20/12：00	至今
5	休闲广场	10	水泥	2010/03/20/12：00	至今
6	白莲泾公园	10	裸地	2010/03/20/13：00	2012/05/11/00：00
7	后滩出入口	10	水泥	2010/03/20/12：00	至今
8	世界气象馆	10	草地	2010/04/17/13：00	2011/05/16/07：00
9	演艺中心	10	草地	2010/04/13/14：00	2012/08/08/11：00
10	江南公园	10	草地	2010/03/30/16：00	2010/11/29/22：00
11	VIP 停车场	10	水泥	2010/03/22/18：00	2010/11/30/07：00
12	企业馆区	10	屋面	2010/03/30/16：00	2010/11/25/00：00
13	世博轴中心段	20	水泥	2010/03/20/12：00	2010/11/17/17：00
14	世博轴庆典广场	20	水泥	2010/04/07/17：00	2012/02/16/11：00
15	世博轴主入口	20	水泥	2010/04/07/16：00	2011/09/22/19：00
16	中国馆	20	水泥	2010/04/05/18：00	2012/08/07/02：00
17	世博鲁班路出口	20	屋面	2010/03/20/12：00	至今
18	世博中心	30	屋面	2010/03/20/02：00	2012/08/08/01：00
19	世博村	30	屋面	2010/03/20/12：00	至今
20	南浦大桥桥面	50	水泥	2010/03/20/13：00	至今
21	世博局	60	屋面	2010/03/20/12：00	2012/08/08/11：00
22	未来馆顶	60	屋面	2010/03/31/12：00	2012/07/07/23：00
23	卢浦大桥桥面	100	水泥	2010/03/20/12：00	2010/12/23/14：00
24	卢浦大桥拱形顶	130	水泥	2010/03/20/12：00	2010/12/23/13：00
25	气象信号塔	165	屋面	2010/03/24/17：00	至今

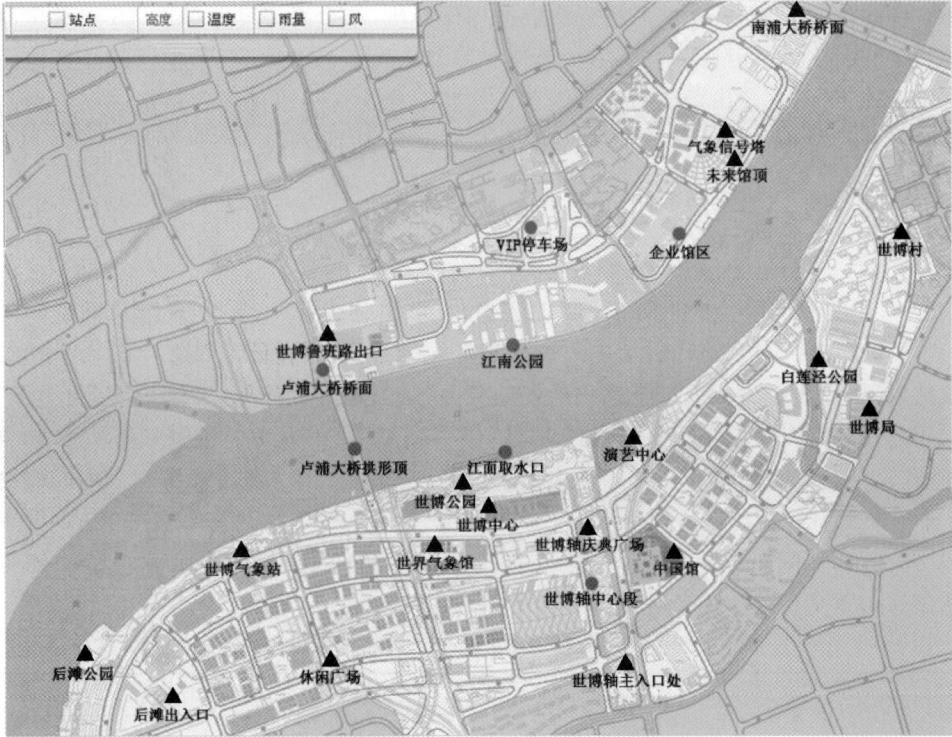

图1　世博园区综合气象站点分布图

（"▲"为观测时间段内资料完整的站点，"●"标记为观测时间段内资料不完整的站点）

2　资料的质量控制

气象资料的质量控制是气象资料处理中一项十分重要的工作，又是一项难度很大且需要深入研究的技术工作。世界气象组织(WMO)十分重视该项工作，并提出过许多指导意见[8-10]，各国也在气象资料的质量控制中做了大量研究[11-13]。

通过对观测时段完整的18个站的小时风场数据的初步判断分析，发现世博中心、世博公园、世界气象馆和后滩出入口站的误测值较多，本文只用数据相对可靠的14个站，分别为世博气象站、后滩公园、休闲广场、白莲泾公园、演艺中心、世博轴庆典广场、世博轴主入口处、中国馆、世博鲁班路出口、南浦大桥桥面、世博局、未来馆顶、气象信号塔。为了使风场数据能更准确、更真实地反映站点环境对风场的影响，必须先对风场数据进行质量控制，风的质量控制流程图如图2所示。

本文主要采用被检站时间序列上的一致性和利用被检站与参考站点的差异作为被检序列来检验空间上的一致性方法，实现对站点数据的质量控制，具体方法如下。

（1）界限值检验

要素允许值范围和气候学界限值分别指气象要素被明确规定允许出现的值和从气候学的角度不可能出现的界限值，本文使用的测风仪器型号为 ZQZ－TF，风速观测范围为 $0\sim65$ m/s，观测精度为 0.1 m/s，风向观测范围为 $0\sim360°$。本文排除缺测数据后，所有

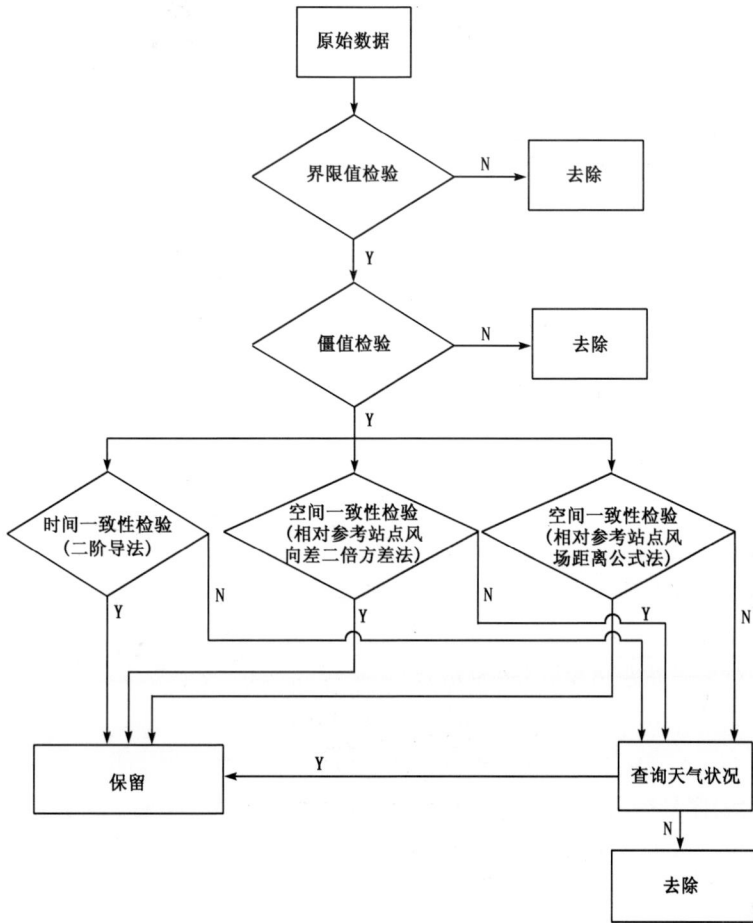

图 2　风场质量控制流程图

数据都在界限范围内,视为合理。

(2)僵值检验

实际观测中,在仪器正常运行的情况下,测量值不会长时间保持固定的数值不变,对风速(风向)24 h保持不变的数据进行判断,排除缺测数据,所有数据都通过。

(3)时间一致性检验——WD(风向)、WS(风速)二阶导法

$$ddWD_i = (WD_{(i-1)} - WD_{(i)}) - (WD_{(i)} - WD_{(i+1)})$$
$$ddWS_i = (WS_{(i-1)} - WS_{(i)}) - (WS_{(i)} - WS_{(i+1)})$$
(1)

公式(1)为风向(风速)在时间上的二阶导 ddWD(ddWS),二阶导值的大小反映了要素在该时刻与前后时刻的偏离程度,我们认为,在非突发天气系统下,WD(风向)、WS(风速)时间上具有连续性,前后时刻不会发生突变,若该值超过数据序列的 3 倍方差,认为是疑误点。在筛选出上述疑误点后,再通过拐点法在疑误点中做进一步筛选。就风向数据质量控制而言,考虑到小风情况下风向容易产生变化,但这种情况是合理的,因此我们通过结合疑误数据量和风速的关系(图 3a),以及 ddWD(风向二阶导)与风速关系(图 3b),判断拐点为 1.2 m/s,筛选出大于该拐点值的数据进入人工判断区。同理,在对风速数据

进一步筛选时，判断拐点为±4 m/s。

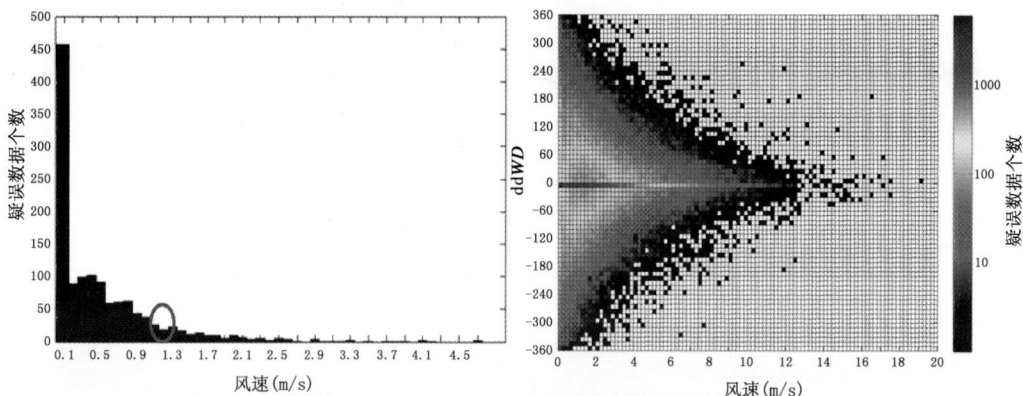

图3　时间一致性检验中风向拐点判断图

（4）空间一致性检验

非突发天气系统下，风场在空间上具有连续性，不会发生突变，我们将被检站与参考站的差异作为被检序列来检验空间上的一致性，本文采用两种方法：与参考站风向差异法（dWD）和相对参考站距离公式法（SQR）

$$dWD_{sitei} = WD_{sitei} - WD_{site1} \tag{2}$$

$$SQR_{sitei} = \sqrt{(U_{sitei} - U_{site1})^2 + (V_{sitei} - V_{site1})^2} \tag{3}$$

式中：sitei代表序号为i的被检站；site1为参考站，即世博气象站。分别筛选出dWD及SQR值超过该月数据3倍方差的点认为是疑误点，列入人工判断区。

（5）人工判断

将上述列入人工判断区的疑误点，结合天气状况、地形做进一步判断，甄别出确实有问题的数据，做删除处理。

通过质量控制，得到一份更合理的风场数据，为接下来的风场数据分析提供了保障。

3　不同站点环境差异与风速频率、风向频率的关系

3.1　不同站点风向差异

选取具有背景站特征的站作为参考站。世博气象站周边环境比较空旷，受地面及周边建筑物影响较小，将其与浦东气象站同时段风玫瑰图做比较，由图4可见，世博气象站和浦东站风向频率呈现相似的特征，东南方向风向偏多，因而可作为参考站。

统计了各观测站点在各个方向上的风频率分布概率值（表2），并绘制各站全年的风向玫瑰图（图5）。结合表2和图5，由于站点所处周边环境的差异，风向显现出不同的分布特征：（1）世博气象站、后滩公园、白莲泾公园、南浦大桥桥面、气象信号塔等5个站的年度风玫瑰图呈现出风向比较均匀，且与参考站世博气象站的年度风向分布特征相似；休闲广场、演艺中心和中国馆的风场分布呈明显的西北—东南走向；（2）世博鲁班路出口和世博局的风场分布均呈东北—西南走向；（3）世博轴庆典广场和世博轴主入口处的风场在东北、西南方向居多；（4）世博村以偏东和偏西风居多；（5）未来馆顶的风场较参考站而言，在

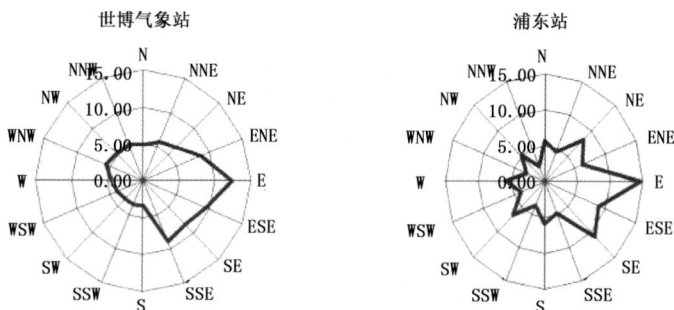

图 4　世博气象站与浦东站的风玫瑰图比较

表 2　园区站点各方向风频率分布(单位:%)

风向	N	NNE	NE	ENE	E	ESE	SE	SSE	S	SSW	SW	WSW	W	WNW	NW	NNW
世博气象站	4.9	5.8	6.4	8.8	12.4	9.5	8.3	8.9	3.4	3.5	3.6	3.9	4.4	5.7	5.2	5.3
后滩公园	7.7	8.3	6.2	5.7	7.5	11.0	7.2	9.0	7.6	4.3	3.0	4.3	3.7	3.4	4.3	6.9
休闲广场	8.9	3.7	2.4	2.8	7.7	12.4	12.7	8.5	7.6	3.4	2.0	1.6	2.7	6.7	9.1	7.8
白莲泾公园	5.2	4.5	5.3	6.6	11.0	13.4	10.7	6.7	4.8	3.9	2.6	2.3	2.3	3.8	6.0	10.9
演艺中心	11.2	7.6	3.8	2.1	2.4	8.1	8.2	15.9	12.9	1.3	1.1	1.0	3.0	2.8	6.0	12.6
世博轴庆典广场	4.9	3.3	8.5	16.1	9.9	7.0	6.9	5.7	7.9	8.4	7.2	4.0	1.1	0.6	1.8	6.6
世博轴主入口处	8.7	10.3	10.3	7.1	7.7	8.4	3.7	1.4	1.8	2.0	7.6	7.4	7.4	2.3	4.8	9.1
中国馆	7.9	5.8	4.4	4.5	6.1	7.4	16.8	14.9	2.4	0.9	2.5	7.3	7.0	3.5	3.4	5.3
世博鲁班路出口	6.0	8.1	7.8	9.0	10.1	7.2	5.8	7.8	7.2	4.8	8.2	4.6	2.7	2.6	3.3	4.3
世博村	3.0	5.6	12.7	13.0	10.7	9.9	6.2	3.7	4.0	3.6	4.2	7.1	9.0	3.6	1.9	1.9
南浦大桥桥面	6.4	8.6	8.6	7.0	7.0	8.4	6.1	6.3	6.3	5.5	5.2	4.0	4.4	5.2	5.9	5.0
世博局	5.8	5.0	5.0	8.5	6.8	6.7	6.2	9.7	10.0	12.3	5.2	1.9	2.7	3.4	4.7	6.1
未来馆顶	5.4	8.0	11.0	6.0	4.2	8.1	6.9	6.9	4.8	8.6	6.4	4.4	5.1	4.7	5.9	6.0
气象信号塔	8.4	8.0	7.1	6.6	8.5	8.3	8.4	7.6	4.0	3.7	2.7	3.1	4.1	4.7	6.8	8.0
浦东气象站*	5.7	4.4	8.3	6.2	14.6	8.9	10.8	4.7	3.6	6.7	3.8	5.9	3.0	5.1	2.3	6.0

注:浦东气象站作为背景风场用于参考,列入此表。

东南—西北方向削弱,而在东北—西南方向增强。

　　根据已获取的世博园区各站点的风向分布特征,结合卫星地图、GIS高度矢量图(图中颜色越浅高度越高),以及GIS加权平均高度图(量化测站周围的建筑物高度),来分析站点环境对该站点风向的影响。在绘制GIS加权平均高度数字化地图时,本文采用以站点为中心以外50 m为缓冲区,并依据风向将缓冲区平均分为16个子区域,对每个站点统计各个子区域内建筑物平均加权高度,考虑到各站点周边环境的差异,我们将世博轴庆典广场和休闲广场缓冲区定为150 m,中国馆缓冲区定为100 m。通过比较分析,可将所有观测站归为两类:一类是受周边环境影响的站点,另一类是开阔地形即不受周边环境影响的站点。

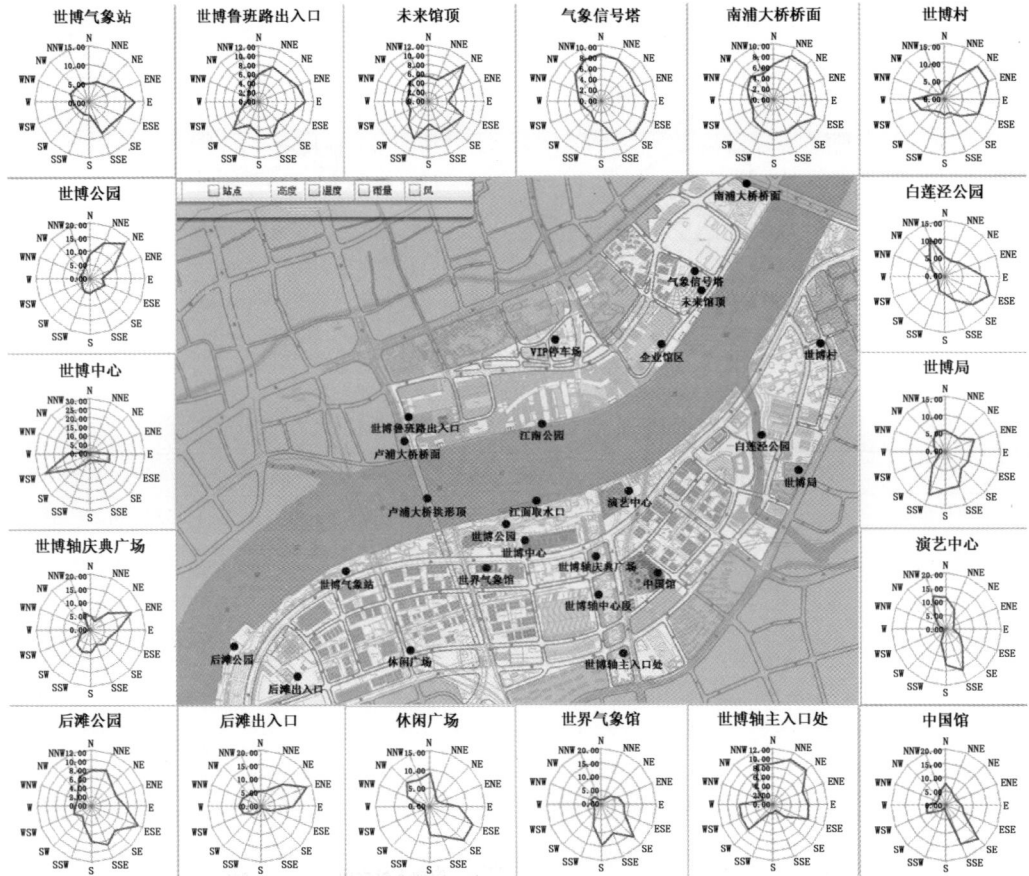

图5　各站点全年风玫瑰图

(1) 第一类:开阔地形(不受周边环境影响)的站点

世博气象站、后滩公园、白莲泾公园、南浦大桥桥面、气象信号塔等5个站(表3)由于周围环境比较开阔,或站点本身较高,周围建筑物高度相对测站较低矮,如南浦大桥桥面站高度为50 m,气象信号塔站高度达到165 m,因此周围地形环境对测站影响很小,结合卫星地图、GIS地图和各站风玫瑰图,这些站的年度风玫瑰图呈现出风向比较均匀,且与参考站世博气象站的年度风向分布特征相似。

(2)第二类:受周边环境影响的站点

休闲广场、演艺中心、世博轴庆典广场、世博轴主入口处、中国馆、世博鲁班路出口、世博村、世博局、未来馆顶等9个站由于仪器放置位置受周边建筑物的遮挡,这些站的风向呈现出不同于参考站的风向分布特征,风向玫瑰图有明显的地域差异(表4)。

具体来看,休闲广场的风场分布呈明显的西北—东南走向,观察该站的 GIS 高度矢量图和 GIS 加权平均高度图,发现在测站东北和西南方向有3~5 m不等高度的建筑物分布,该方向上有遮挡;而西北、东南方向较空旷,无建筑物存在,该方向上无遮挡,因而风场主要沿西北—东南方向,考虑到参考站的风场东南风向较多,东南风向较西北风向更多。

表 3　开阔地形(不受周边环境影响)的站点风向分析

站点(高度)	站点卫星图	环境地形图	风玫瑰图
世博气象站 (10 m)			
后滩公园 (10 m)			
白莲泾公园 (10 m)			
南浦大桥桥面 (50 m)			
气象信号塔 (165 m)			

　　演艺中心的风场分布也呈西北—东南走向,结合GIS高度矢量图、GIS加权平均高度图,该站东北方向和西南方向分别有两个加权平均高度为6 m的建筑物,站点正好位于两个建筑物中间,形成了典型的狭管效应,因而有西北—东南走向的盛行风向,考虑到参考站点的风场东南风向偏多,东南风向较西北风向更多。

　　中国馆的风场分布呈西北—东南走向,结合GIS高度矢量图、GIS加权平均高度图,该站东北方向和西南方向分别有加权高度为9 m和12 m的建筑物;而西北、东南方向较空旷,无建筑物存在,因而该站风向呈西北—东南走向,考虑到参考站的风场东南风向较多,东南风向较西北风向更多。

表4 受周边环境影响的站点分析图

站点(高度)	站点卫星地图	GIS高度矢量图	GIS加权平均高度图	风玫瑰图
休闲广场 (10 m)				
演艺中心 (10 m)				
中国馆 (20 m)				
世博鲁班 路出口 (20 m)				
世博局 (60 m)				
世博轴 庆典广场 (20 m)				
世博轴 主入口处 (20 m)				

续表

站点(高度)	站点卫星地图	GIS 高度矢量图	GIS 加权平均高度图	风玫瑰图
世博村 (30 m)				
未来馆顶 (60 m)				

世博鲁班路出口的风场分布呈东北—西南走向,结合卫星地图和GIS高度矢量图可以看出,测站北方、东南方的建筑物削弱了西北—东南走向的背景风场,而测站东北、东南方向的建筑物形成一个东北—西南走向的通道,狭管效应使风场顺着通道流动,该效应占主导作用,使该站风场呈东北—西南走向。

世博局的风场分布均呈东北—西南走向,结合卫星地图和GIS高度矢量图可以看出,测站西北、东南方存在大量加权高度为15 m的建筑物,削弱了此方向的风场;而东北、西南方向正好留有一段无建筑物的空隙,有利于风在此方向流动,因而测站主风向为东北—西南方向。

世博轴庆典广场和世博轴主入口处的风场在东北、西南方向居多,由卫星地图可以看出,世博轴的结构呈西北—东南走向,在此方向上分布数个拔地而起的阳光谷,很大程度上遮挡了西北、东南方向的风,造成该站风向为东北、西南方向居多。

世博村风场以偏东和偏西风居多,结合卫星地图、GIS高度矢量图及GIS加权平均高度图可见,该站与世博鲁班路出口周围环境相似,北方、东南方向的建筑物削弱了西北—东南走向的背景风场,而测站东北、东南方向的建筑物形成一个东北—西南走向的通道,狭管效应使风场顺着通道流动。与世博鲁班路出口不同的是,在世博村站南边有个60 m高度的建筑物,远远大于测站本身高度,遮挡了来自南北方向的风,因而该站的盛行风向为偏东、偏西风向。

未来馆顶的风场较参考站而言,在东南—西北方向削弱,而在东北—西南方向增强,结合卫星地图、GIS高度矢量图和GIS加权平均高度图可见,在该测站西北边有个9 m高的较大建筑物,较该站点高度来说不算很高,但部分削弱了东南、西北方向的风场(相对参考站点风场而言),同时在西南、东北方向风场较明显。呈现了各方向风场均匀分布的特征。

3.2 各站风速频率差异

由世博园区各站风速频率分布特征(图6)可见,研究时段内的风速出现在0~14 m/s范围,风速分布集中的峰值区间在2~6 m/s范围,表现为测站高度越低,小风速的频率越高,测站高度越高,风速越大。同一高度不同测站间风速频率分布峰值也有1~2 m/s的差别,这与周边观测环境的粗糙度有关(图7)。

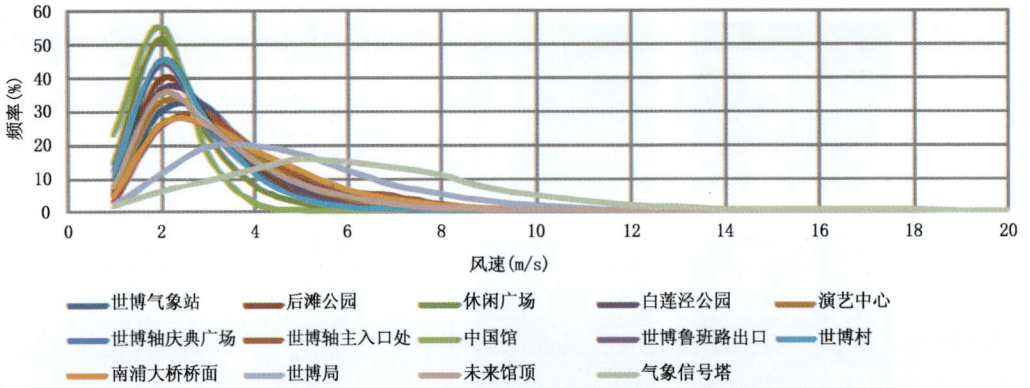

图 6   世博园区各站风速频率分布特征

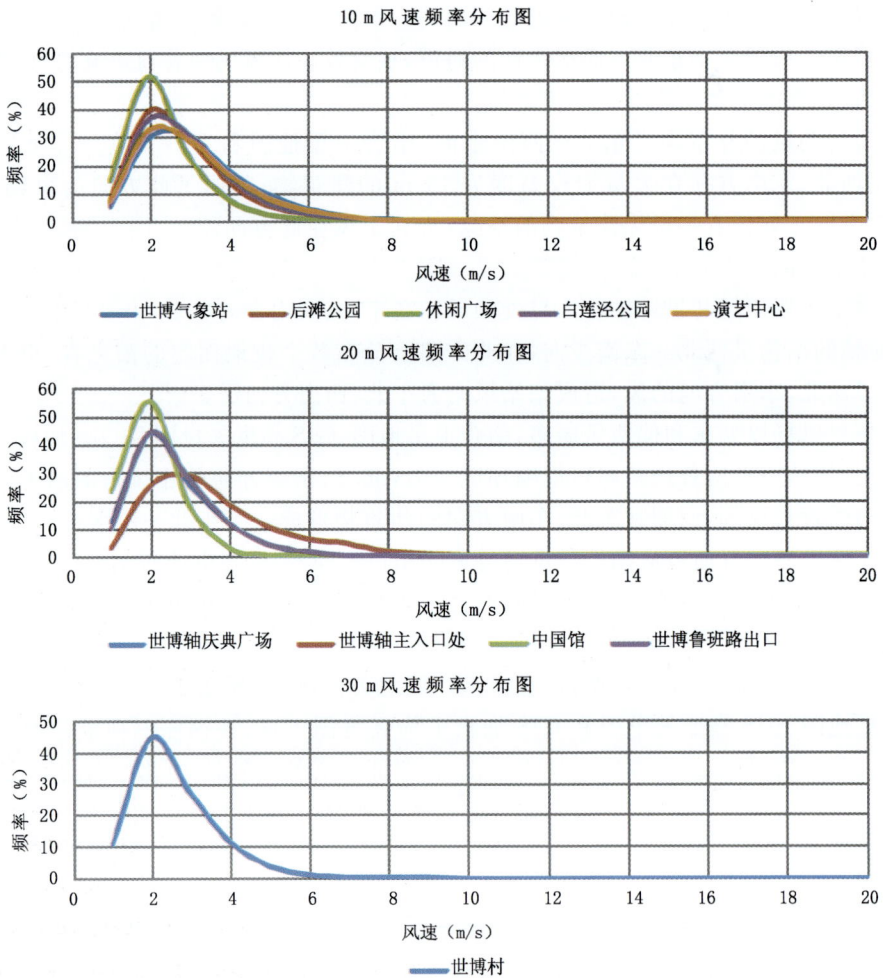

50 m 风速频率分布图

频率（%）

风速（m/s）

—— 南浦大桥桥面

60 m 风速频率分布图

频率（%）

风速（m/s）

—— 世博局　—— 未来馆顶

165 m 风速频率分布图

频率（%）

风速（m/s）

—— 气象信号塔

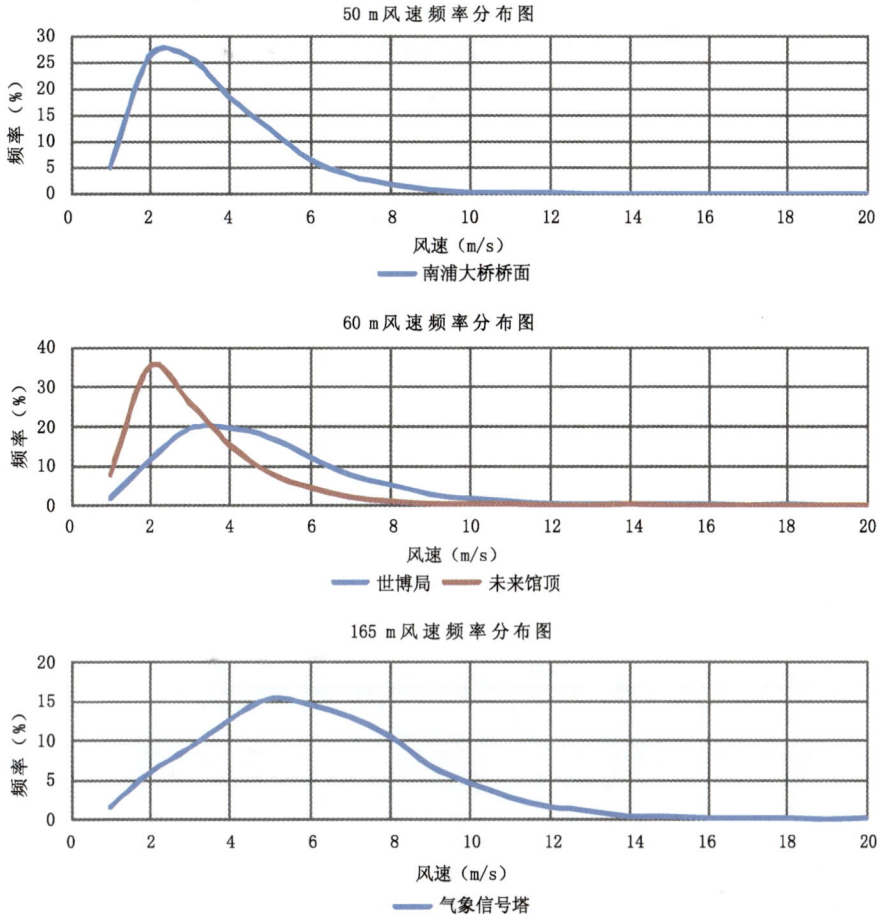

图 7　世博园区 10～165 m 各高度风速频率分布特征

4　垂直风廓线特征分析

4.1　垂直风廓线年度变化特征

按表 5 世博园区各高度层站点分布，将相同高度的站点风场做平均，得到世博园区平均垂直风廓线分布图（图 8），由图可见，总体上世博园区平均垂直风廓线呈线性趋势，即风速随高度增加而增加，但是在 30 m 处风速突然减小，这是因为 30 m 高度的测站只有世博村站（表 5），从表 4 中可看出，世博村站周边环境建筑物和障碍物的粗糙度最大，在 20～60 m 之间，因而该站点的风速有明显减小的特点。

4.2　垂直风廓线的季节变化特征

同样按照表 5 世博园区各高度层站点分布，按季节分类获得各季节平均垂直风廓线特征图（图 8）和各季节平均垂直风廓线标准差特征图（图 9），世博园区各季节平均垂直风廓线与全年平均垂直风廓线呈现相似的特征，并且冬季风速偏大，夏季、秋季偏小，各季节风速廓线标准差亦是冬季偏大，夏季、秋季偏小。各季节，垂直风廓线在 30 m 处出现风速突然减小的情况,原因同上。

表 5　世博园各高度层站点分布

高度(m)	站　点
10	世博气象站、后滩公园、休闲广场、白莲泾公园、演艺中心
20	世博轴庆典广场、世博轴主入口处、中国馆、世博鲁班路出口
30	世博村
50	南浦大桥桥面
60	世博局、未来馆顶
165	气象信号塔

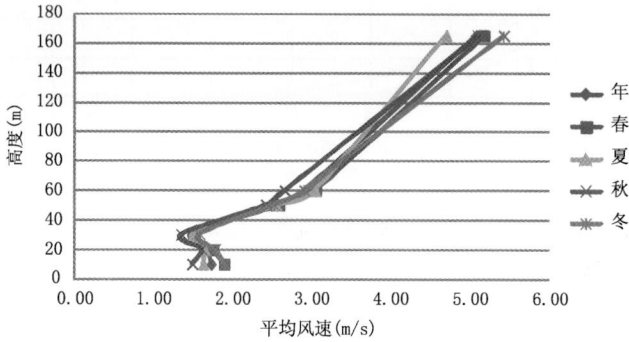

图 8　世博园区各季节平均垂直风廓线

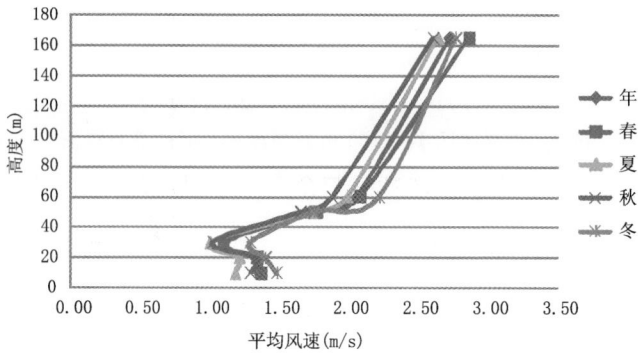

图 9　世博园区各季节平均垂直风廓线标准差

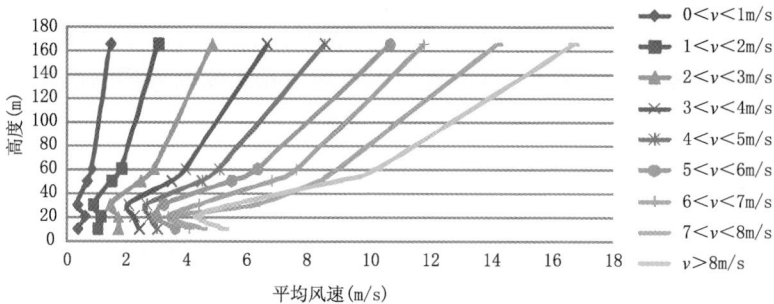

图 10　世博园区不同风速等级垂直风廓线

4.3　不同风速下的风廓线分布差别

按照表5世博园区各高度层站点分布，将相同高度的站点风速做平均，得到每个时间点的平均垂直风廓线，再把每条廓线的平均风速以1 m/s为间隔，分为8个风速等级廓线（图10），可见垂直风廓线表现出相似的趋势，但随平均风速的增加，大风情况下随高度的增加，风速增速明显大于小风情况，尤其在30～60 m高度层表现得更加明显。

5　总结与讨论

利用对世博园区2010年5月1日—2011年4月30日18个观测站的风观测数据，采用被检站时间序列上的一致性和利用被检站与参考站的差异作为被检序列来检验空间上的一致性方法，实现对站点风观测资料的质量控制，并在此基础上分析近地面的风分布特性。

（1）由于站点所处周边环境的差异，风向显现出不同的分布特征。分析不同的风向分布特征与周边建筑物高度的关系，发现世博园区风观测站点可以分为受周边环境影响大和小两类站点。开阔地形（不受周边环境影响）的站，如世博气象站、后滩公园、白莲泾公园、南浦大桥桥面、气象信号塔等5个站年度风玫瑰图呈现出的风向比较均匀，且与参考站世博气象站的年度风向分布特征相似。而受周边环境影响的站点，主要是受周边建筑物的遮挡，这些站呈现出不同于参考站的风向分布特征，风向玫瑰图有明显的地域差异。

（2）由世博园区各站风速频率分布特征可见，研究时段内的风速出现在0～14 m/s范围，风速分布集中的峰值区间在2～6 m/s范围，表现为测站高度越低，小风速的频率越高，测站高度越高，风速越大。同一高度不同测站间风速频率分布峰值也有1～2 m/s的差别，这与周边观测环境的粗糙度有关。

（3）世博园区平均垂直风廓线总体上呈线性趋势，即风速随高度增加而增大，但在30 m处存在风速突然减小，这与30 m高度站点——世博村站周边环境建筑物和障碍物的粗糙度较大有关。各季节垂直风廓线特征与全年垂直风廓线相似，并且冬季风速偏大，夏季、秋季偏小，各季节风速廓线标准差亦是冬季偏大，夏季、秋季偏小。在冬季，垂直廓线在30 m处风速突然减小。大风和小风情况下垂直廓线表现出相似的随高度增加风速增大的趋势，大风情况下随高度的增加风速增加明显大于小风情况，尤其在30～60 m高度层表现得更加明显。

参考文献

[1]　彭珍,胡非.北京城市化进程对边界层风场结构影响的研究[J].地球物理学报,2006,**49**(6)：1608-1615.

[2]　Oke T R, East C. The urban boundary layer in Montreal[J]. *Boundary－Layer Meteorology*, 1971, **1**(4)：411-437.

[3]　Rizwan A M, Dennis L Y C, Liu C H. A review on the generation, determination and mitigation of urban heat island[J]. *Journal of Environmental Sciences*, 2008, **20**(1)：120-128.

[4]　Ashie Y, Ca V T, Asaeda T. Building canopy model for the analysis of urban climate[J]. *Journal of Wind Engineering and Industrial Aerodynamics*, 1999, **81**(123)：237-248.

[5] Lemonsu A, Masson V. Simulation of a summer urban breeze over Paris[J]. *Boundary Layer Meteorology*, 2002, **104**(3):463-490.

[6] 丁金才, 张志凯, 奚红, 等. 上海地区盛夏高温分布和热岛效应的初步研究[J]. 大气科学, 2002, **26**(3):412-420.

[7] 陈燕, 蒋维楣. 城市建筑物对边界层结构影响的数值试验研究[J]. 高原气象, 2006, **25**(5): 824-833.

[8] World Meteorological Organization. Guidelines on Quality Control Procedures for Data from Automatic Weather Stations[R], 2004.

[9] World Meteorological Organization. Guide to Meteorological Instruments and Methods of Observation WMO-No. 8[R], 1996.

[10] World Meteorological Organization. Guide on GDPS. WMO-No. 305[R], 1993.

[11] Eischeid J K, Baker C B, Karl T R, *et al*. The quality control of long-term climatological data using objective data analysis[J]. *Journal of Applied Meteorology*, 1995, **34**(12): 2787-2795.

[12] Meek D W, Hatfield J L. Data quality checking for single station meteorological databases[J]. *Agricultural and Forest Meteorology*, 1994, **69**: 85-109.

[13] Gleason B E. For data set 9101 Global Daily Climatology Network V1. 0[Z]. National Climatic Data Center Data Documentation. 2002, July 22.

Analysis on the Characteristics of Surface Layer Wind Distribution in the EXPO PARK, Shanghai

YANG Tongxiao　　TAN Jianguo　　CHANG Yuanyong

(*Shanghai Institute of Meteorological Science*, Shanghai　200030)

Abstract

The distribution features of wind are analyzed by using the complete wind data at 14 sites in the EXPO PARK from May 1, 2010 to April 30, 2011. This paper realizes the quality control of meteorological observation data by adopting the method of space and time consistency check, and uses the high resolution ArcGIS vectorization geographic information data during the analysis. Different environments, especially the roughness height of surrounding buildings and obstacles have a significant influence on the distribution of frequency of wind speed and direction and the characteristics of vertical wind profile of surface layer in the same background wind field. This study can provide basis for understanding and awareness of characteristics analysis of atmospheric elements within the urban canopy, and accumulates experience for the comprehensive utilization of meteorological observation data.

基于上海徐家汇站气温预报的金山区春季气温订正预报方法初探

杜启倩

（上海市金山区气象局　上海　201508）

提　要

本文对比分析了 2007—2011 年上海市徐家汇站和金山站春季日最高、最低气温等资料，得到两站气温差较大的个例，并对这些个例进行分类讨论，得出一些较为典型的天气学模型。分析发现，对于日最高气温而言，当地面风向稳定在第二象限时，金山站气温低于徐家汇站，其温差大小主要取决于天空状况和风速大小；当地面风向从第三象限向第四象限转变时，金山站气温高于徐家汇站；而对于日最低温度，当大气层结稳定，风力小，天空状况较好时，金山站气温低于徐家汇站；而当海陆风较强，且天空状况较好时，金山站气温有可能高于徐家汇站。据此，建立了基于上海徐家汇站气温预报制作金山区春季气温的预报订正模型。

关键词　日最高气温　日最低气温　风向　预报订正

0　引　言

气温是表征空气冷热程度的物理量，反映了空气分子的平均动能。从热力学第一定律可以知道，温度的变化取决于温度平流、垂直运动和非绝热因子的变化[1]。因此气温的变化是一个复合量，对它的定性预报主要考虑天空状况、温度平流情况和初始温度，而定量预报一般依靠数值预报，并进行主观订正[2]。对于单点气温预报，全球模式和区域中尺度模式的水平分辨率难以完全反映局地因素的影响[3,4]，因此预报业务工作中，对于局地的气温预报，需要预报员根据统计订正模型或预报经验对数值模式的气温预报进行订正。

张德山等[5]利用气温日较差分级法制作北京短时气温预报，表明气候统计方法预报气温日变化可以有较好效果。王凤娇等[6]将云量、风向、风速等要素加入惠民站气温短时预报中收到了良好的效果。周翠芳等[7]通过分析单站气温变化基本特征，并就云量、风向、风速等对气温变化的影响进行了分级，取得了石嘴山市单站短时温度预报的成功。邱学新[8]等使用一整年的县温度预报和乡镇自动站温度观测资料，根据准确率更高的县站日最低、最高温度预报来制作乡镇的日最低、最高温度预报，得到了较好的预报效果。

资助课题：上海市气象局预报员专项（MS201415）。

作者简介：杜启倩（1984—），女，上海人，硕士，工程师，主要从事天气预报及服务工作等相关领域的研究；

　　E-mail：duqiqian@163.com。

　　上海市金山区观测场自2003年迁站后,即成为上海市最南端的测站,它紧邻杭州湾,处于水陆交界处,受海陆风影响明显,使用各主要业务预报中心的地面温度数值预报的效果较差。由于徐家汇站位于上海市区,相对而言,对徐家汇站的预报关注度较高,其预报准确率也较高。而徐家汇观测站与金山观测站的日最低、最高气温具有明显差异,且随天气形势的不同而不同。因此,有必要建立以徐家汇站预报结果为依据的金山站气温预报的概念模型,据此做出金山站的日最低、最高气温的订正预报。为此,本文以徐家汇站作为对比站,对两站的日最高、最低气温进行比较,并通过分类等方法得到一些适合金山站的气温预报订正方法。

　　本文选择春季气温作为考察的对象,主要是考虑到春季天气系统变化较快,冷暖空气势力相当,气温变化较快,预报难度较大。同时,春季也是农作物对温度变化的敏感期,实际需求较大。

1　资　料

　　本文利用5年(2007—2011年)春季(3—5月)上海金山观测站和徐家汇站日最高气温、日最低气温、2 min平均风向和风速等资料作为研究对象,使用聚类分析、对比分析等方法,讨论预报金山测站气温时的一些关注点。其中日最低、最高气温取值时段为20时—次日20时;两站气温差定义为:徐家汇站日最高(低)气温减金山站日最高(低)气温,当气温差为正值时,即徐家汇站气温高于金山站。

2　春季金山站与徐家汇站温差分析

2.1　金山站春季气温概况

　　春季(3—5月)历来是一年中日气温极值变化最大的季节,考察金山观测站近5年内的气温日较差最大值可达16.7℃(2009年3月16日)。而徐家汇站最大日较差为15.9℃(2010年3月12日),但是,从两站日变温的方差来看,徐家汇观测站总体要大于金山观测站,即日变温的离散度徐家汇观测站要大于金山观测站。

　　图1a、1b分别为2007—2011年春季(3—5月)各月金山站日最高和最低气温月内标准差的变化。可见,从日最高气温来看,除2011年外,其余4年月际日最高气温振荡均是逐月减小的,且3—4月的减小幅度要远大于4—5月。这种情况的出现与3月冷空气势力仍较强、过程降温强、系统更迭速度快有关。而相对于3月冷空气势力占主导地位,4月的冷暖空气势力开始趋于平衡,过程性降温强度开始减弱,同时回温速度也较慢,但冷暖空气交汇频繁,因此日最高气温振荡幅度减小。5月暖空气势力逐渐成为主导,冷空气势力北缩,过程性降温强度减弱、次数减少。比较特殊的是2011年,其4月振荡强度远高于3月,与其余4年趋势明显不同。分析该年资料发现,2011年冬季偏冷、持续时间较长,入春时间较常年偏晚,这是造成2011年春季各月日最高气温振荡4月最强的原因。从日最低气温来看,与日最高气温相似,振荡是逐月减小的,但总体上变化强度不如最高气温。

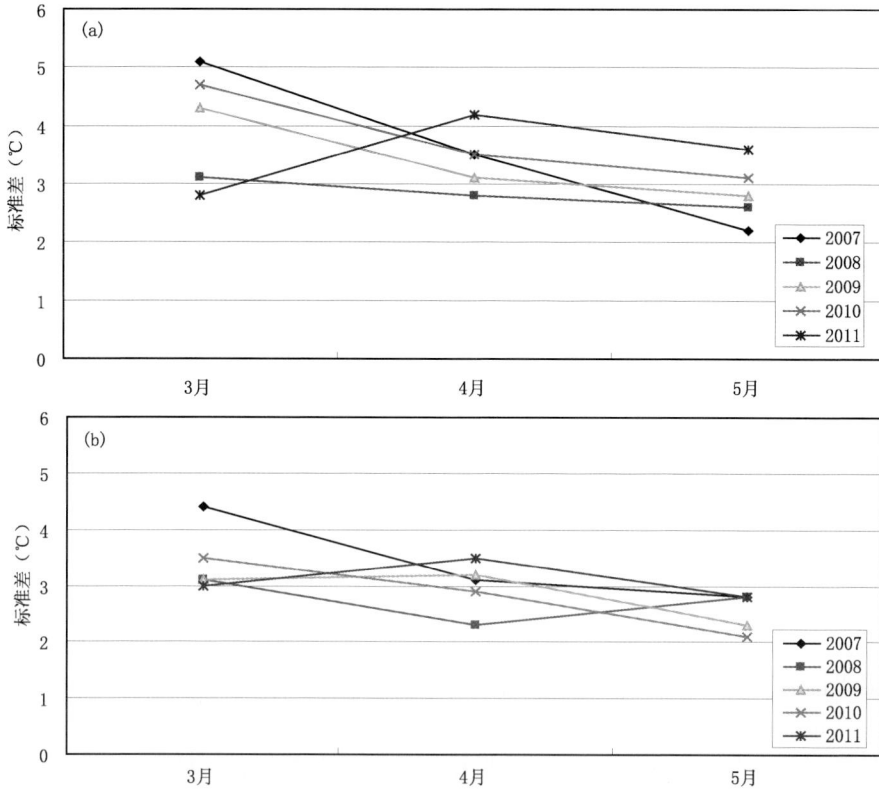

图 1 2007—2011 年春季各月金山站日最高温度(a)
和最低温度(b)月内标准差的变化(单位:℃)

2.2 金山站气温与徐家汇站日气温的差异及分级

气温变化作为一个复合量,在预报工作中一般以数值预报的结果作为客观定量的参考,而人工的修正需要预报员对局地情况的具体把握和对数值预报模式的系统偏差进行经验性的调整。作为郊县站,一般大尺度的预报模式对本地的预报是基于周围临近格点的插值得出的,对局地的海陆风影响考虑得较少,因此,郊县站预报员一般是基于徐家汇站的预报值进行主观订正。所以,使用模式预报准确率稳定的邻近站预报作为参考是提高预报准确性的一个较为实用的方法。本文以徐家汇站作为预报参考点,对金山站气温与徐家汇站气温实况进行对比,希望找到影响两站间温度差异的主要因素,并得到一些用于预报订正的概念模型。

由表 1 可见,两站日最高(低)气温差(定义为:徐家汇站 $T_{max(min)}$ —金山站 $T_{max(min)}$)的极值可以达到很大。其中,日最高气温的差异极值都在 4℃ 及以上,明显高于日最低温度的差异极值,而日最低温度的差异极值也基本达到 3℃ 以上。极大值出现在 2009 年 5 月的日最高温度,差值达 7.8℃。从 2007—2011 年的统计情况来看,无论是日最高还是最低温度,两站的极端差值大多为正值,即徐家汇站气温高于金山站。由表可见,仅 2010 年 3 月的两站日最低温度差值为负值,即徐家汇站气温低于金山站,为 −2.5℃,这与一般理解中的同样天空状况下,郊县夜间辐射冷却条件好、降温迅速相悖。因此,后文中将对该个例进行单独的分析。

表 1　2007—2011 年徐家汇站与金山站春季各月的日最高(H)、最低(L)气温差的极值(单位：℃)

	2007 年		2008 年		2009 年		2010 年		2011 年	
	H	L	H	L	H	L	H	L	H	L
3 月	4.2	3.0	7.5	4.6	4.2	3.8	4.0	−2.5	5.7	4.0
4 月	4.7	3.4	5.6	3.9	6.9	4.4	5.6	3.7	5.5	3.8
5 月	6.0	4.5	6.9	4.2	7.8	4.2	5.7	3.8	7.3	3.7

　　从表 1 可以看到两站温度差异的极端情况，下面讨论一下两站气温差异的时间分布情况。考虑到温度预报的评分一般以 2℃ 作为分级标准(即预报偏差绝对值≤2℃ 为 90 分；≥4℃ 为 0 分)，本文也以 2℃ 作为分级的标准。如表 2、3 所示，n 为两站日气温差值，表中数值表示各级差值出现的频次。图 2a，2b 分别表示 2007—2011 年徐家汇站与金山站日最高气温和日最低温度差值分级的月际变化，其中序列 1～5 分别表示表 2、表 3 中所示的分级，即序列 1 对应 $n>4$、序列 2 对应 $2<n≤4$(之后以此类推)，表 2、表 3 末列的数值为出现的频率。可见，两站日最高(低)气温各级差值有明显的月际变化。对于日最高气温，从 3—5 月序列 1 出现的概率明显上升，即两站的日最高气温差异达到 4℃ 以上开始成为高概率事件，达到 35%；序列 2，发生概率没有太明显的趋势变化；序列 3、4 发生概率明显下降，以 3—4 月的降幅最快；序列 5 的发生在整个春季都为小概率事件，即表示徐家汇站日最高温度低于金山站超过 2℃ 的可能性较小。对于日最低气温，序列 3 出现的概率远高于其余各级，可达 60% 以上，即徐家汇站日最低气温一般较金山站高出 2℃ 以内；序列 5 在 5 年间仅出现 1 次，为小概率事件；序列 1、2、4 事件出现的概率各月基本相同，且为低概率事件。

表 2　金山站与徐家汇站春季(3—5 月)日最高气温差值(n，单位：℃)分级频次分布

		2007 年	2008 年	2009 年	2010 年	2011 年	合计(次)	出现频率(100%)
3 月	$n>4$	1	7	1	0	2	11	0.07
	$2<n≤4$	9	6	9	7	8	39	0.25
	$0<n≤2$	12	9	11	12	10	54	0.35
	$-2≤n≤0$	9	9	10	12	10	50	0.32
	$n<-2$	0	0	0	0	1	1	0.01
4 月	$n>4$	3	5	8	3	6	25	0.17
	$2<n≤4$	11	13	8	9	9	50	0.33
	$0<n≤2$	11	7	8	6	9	41	0.27
	$-2≤n≤0$	3	5	6	11	5	30	0.20
	$n<-2$	2	0	0	1	1	4	0.03
5 月	$n>4$	9	16	9	8	12	54	0.35
	$2<n≤4$	11	4	9	10	7	41	0.26
	$0<n≤2$	4	9	7	9	5	34	0.22
	$-2≤n≤0$	7	2	6	4	6	25	0.16
	$n<-2$	0	0	0	0	1	1	0.01

表3　金山站与徐家汇站春季(3—5月)日最低气温差值(n,单位:℃)分级频次分布

		2007年	2008年	2009年	2010年	2011年	合计(次)	出现频率(100%)
	$n>4$	0	1	0	0	0	1	0.01
	$2<n\leqslant4$	6	9	9	0	6	30	0.19
3月	$0<n\leqslant2$	21	20	18	26	19	104	0.67
	$-2\leqslant n\leqslant0$	4	1	4	4	6	19	0.12
	$n<-2$	0	0	0	1	0	1	0.01
	$n>4$	0	0	1	0	0	1	0.01
	$2<n\leqslant4$	7	4	6	6	7	30	0.20
4月	$0<n\leqslant2$	19	22	19	15	16	91	0.61
	$-2\leqslant n\leqslant0$	4	4	4	9	7	28	0.19
	$n<-2$	0	0	0	0	0	0	0.00
	$n>4$	2	1	1	0	0	4	0.03
	$2<n\leqslant4$	3	5	8	9	8	33	0.21
5月	$0<n\leqslant2$	23	20	16	22	18	99	0.64
	$-2\leqslant n\leqslant0$	3	5	6	0	5	19	0.12
	$n<-2$	0	0	0	0	0	0	0.00

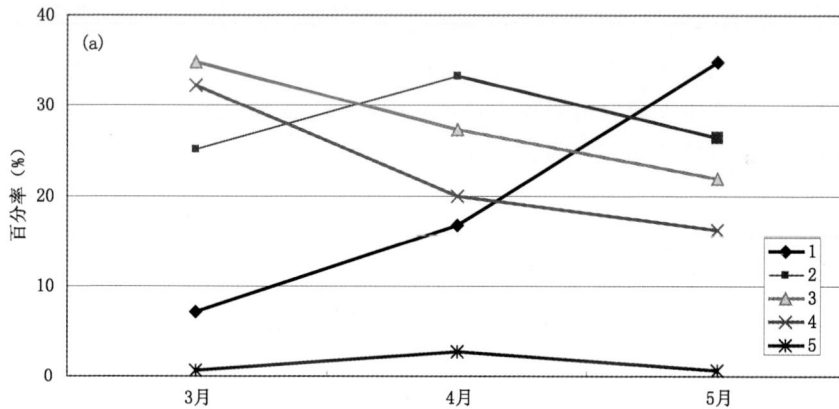

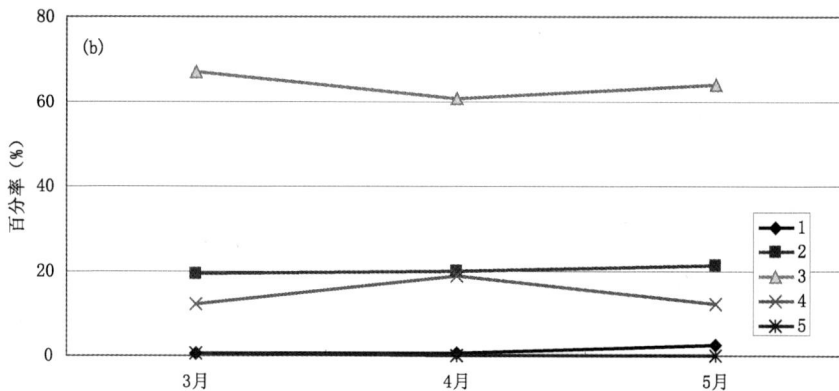

徐家汇站与金山站日最高气温(a)和日最低气温(b)差值分级的月际变化(单位:%)

　　综上所述,可以看到,两站的日最高气温差异要远大于日最低气温,预报难度也较大。对于日最高气温,预报时需要注意针对不同的月份来订正温差;日最低气温的预报则不需要对月份做过多的调整。考虑到预报的需求和相对难度,这里着重讨论出现序列 1 和序列 5 的情况,探讨出现这两类差异最明显的原因,并分析影响的要素和环流形势。

　　影响气温的因子中,邻近站点的主要差异在于非绝热因子。而非绝热因子主要受到天空状况、风、地表湿度及"城市热岛效应"等的影响,以天空状况和风的影响为最大。由于日最高气温的差异较大,且样本较多,则将序列 1 的样本根据其天气状况分为天空状况相似和天空状况存在差异两种。表 4 为具体的分类结果,可见天空状况差异造成的两站最高气温差异并不占主要地位,仅占总天数的 24%;而随着气温逐月升高,天空状况对两站温差的影响逐渐减弱,局地的单要素影响开始明显。因此,对于在春季日最高气温的预报应该更多地考虑局地的要素变化。

表 4　金山站和徐家汇站最高温度差异 $n>4℃$ 天空状况分类

	总个数	天空状况相似	天空状况存在差异
3 月(个)	11	8	3
4 月(个)	25	19	6
5 月(个)	54	41	13
合计(个)	90	68	22
百分率(%)	/	76	24

　　下面针对一些较极端的情况进行环流形势和局地要素的讨论,这里仅分析序列 1 和序列 5 的情况。由于本文研究的对象为日资料,使用合成等方法容易使得合成结果被平滑,因此,这里使用具体的例子作为讨论的对象。

2.3　主要形势

(1)日最高温度

1)序列 1 的情况($n>4℃$)

　　2011 年 5 月 20 日日最高气温两站相差 7.3℃,当天 08 时、14 时天空状况均为晴天,云量为 0,金山站日照时数为 11.5 h,本站风向 S—ESE,2 min 平均风速 2.8 m/s(升温阶段 05—16 时平均风速)。由图 3 所示 5 月 20 日 08 时高低空气压系统配置可以看到,500 hPa 上本地处于高压后部;700 hPa 本地处于入海高压后部,受东南气流控制;850 hPa 上,低空切变位于本地的北侧,本地仍受入海高压后部的影响,以东南气流为主;地面上锋面到达山东半岛与江苏交界处,本地处于地面倒槽之中,以东到东南风为主。两站天空状况均为晴空,主要的影响因素为低空和地面风向,且晴空城市热岛效应明显,即为该样本 $n>4℃$ 出现的主要原因。

　　2008 年 3 月 12 日日最高气温两站相差 7.5℃,当天 08 时、14 时天空状况均为晴天转多云,无低云,金山站日照时数为 9.5 h,风向 ESE,2 min 平均风速 4.4 m/s(升温阶段 05—16 时平均风速)。由图 4 所示 3 月 12 日 08 时高低空气压系统配置可见,500 hPa 上本地处于弱高脊上;700 hPa 本地也处于弱高脊之上,受西北气流控制;850 hPa 上,本地位于入海高压的后部,受东南气流控制;地面上,冷锋位于我国华北地区,本地处于入海高压的后部,盛行东到东南气流。

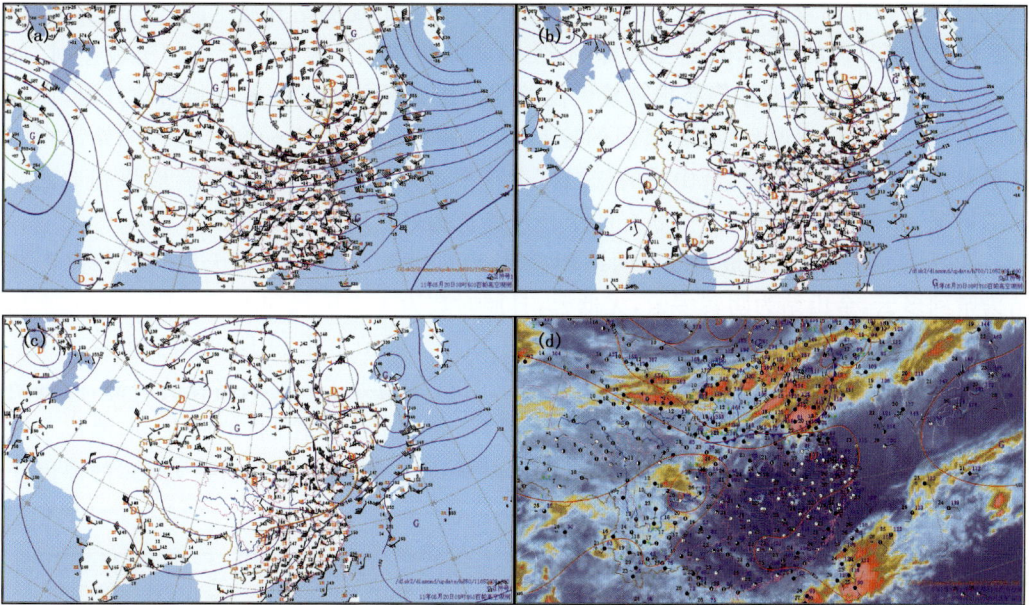

图3　2011年5月20日08时500 hPa(a),700 hPa(b)和850 hPa(c)高空图及地面天气与卫星云图(d)

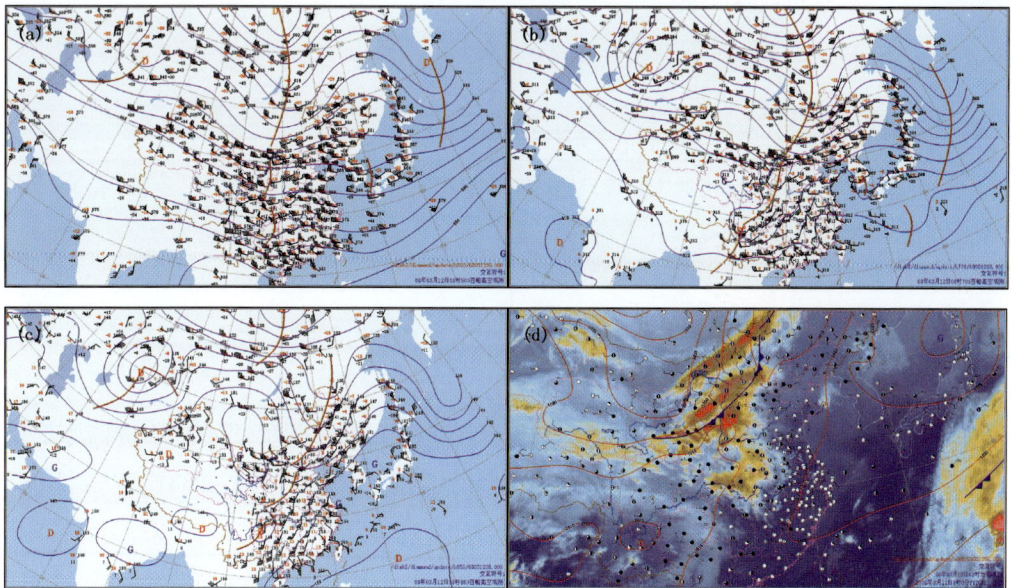

图4　2008年3月12日08时500 hPa(a),700 hPa(b)和850 hPa(c)高空图及地面天气与卫星云图(d)

　　对比前两例可以发现,两次过程中两站的气温差基本相同,同时金山站和徐家汇站的天空状况在两次过程中是相同的。从局地要素场上看,两次过程的差异在于,首先前一次天空状况为晴天,无云系的影响,后一次为晴转多云,为云系逐渐增多的过程;其次,前一次在升温过程中2 min平均风速为2.8 m/s,明显小于后者的4.4 m/s。从环流形势可以发现,两次过程500 hPa和700 hPa的形势有所不同,而低层850 hPa和地面的形势是基本一致的,风向基本都以SE为主。从这两例不难发现,天空状况较好时,配合有SE风,就有利于两站出现较大的温差。天空状况较好时,徐家汇观测站升温迅速,而金山观测站受到中低空 SE 风的控制,升温受到抑制,使得两站出现较大温差。天空状况较差时,如出现较强的 SE 风,则两站仍有出现较大温差的可能。天空云系增多抑制两站升温,而金山观测站受到整层深厚且较强 SE 风的控制,升温较徐家汇观测站更加乏力,两站出现明显温差。天空状况相似时,金山站的气温订正预报主要应关注低层的环流形势和地面风场的情况,综合考虑风场与天空状况的结合才能把握好温度订正预报。

　　2008 年 4 月 29 日日最高气温两站相差 7.4℃,当天 08 时、14 时天空状况徐家汇测站为晴到多云,金山站为阴转多云,无低云,日照时数为 4.4 h,风向 ESE－E,2 min 平均风速 4.1 m/s(升温阶段 05—16 时平均风速)。由图 5 所示 4 月 29 日 08 时高低空气压系统配置可见,500 hPa 上本地处于弱高脊上;700 hPa 本地处于入海弱高脊的后部,受偏南气流控制;850 hPa 上,本地位于入海高压的后部,受东南气流控制;地面上,本地位于入海高压的后部,受东南气流的控制。从本例可以看到,出现两站温差达到 7.4℃ 的原因是天空状况和地面风场的共同作用。

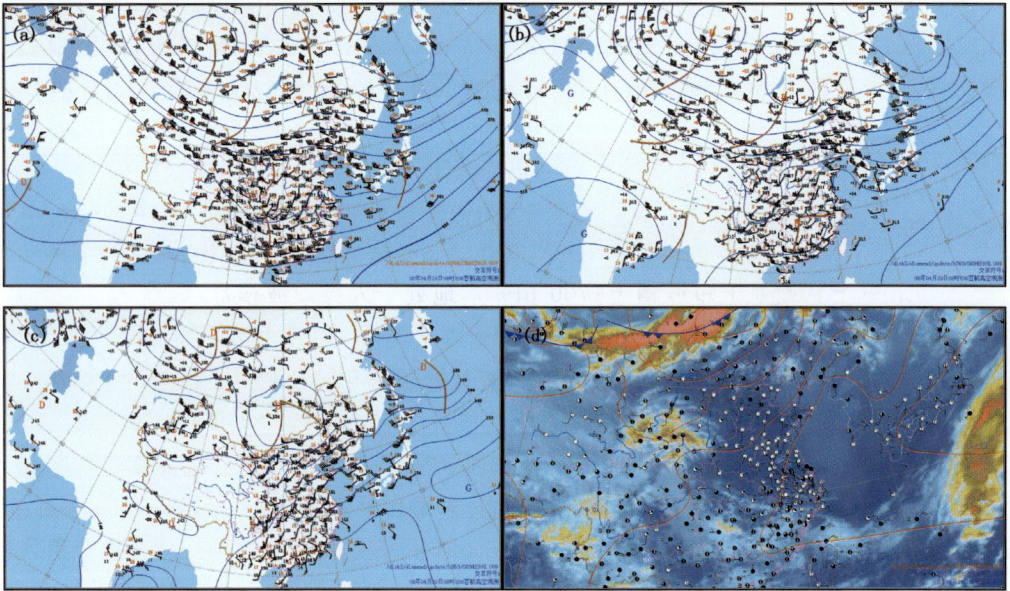

图5　2008 年 4 月 29 日 08 时 500 hPa(a),700 hPa(b)和 850 hPa(c)高空图及地面天气与卫星云图(d)

　　2)序列 5(n＜－2℃)的情况

　　2007 年 4 月 13 日日最高气温两站相差－3.5℃,当天 08 时、14 时天空状况均为多云,无低云,金山站日照时数为 8.2 h,风向 NW 转为 NE,2 min 平均风速 3.0 m/s(升温阶段 05—16 时平均风速),且风速由小逐渐增大。由图 6 所示 4 月 13 日 08 时高低空气压系统配置可见,500 hPa 上本地处于短波槽上;700 hPa 本地处于入海短波槽后部,受西北气流控制;850 hPa 上,本地位于入海低涡的后部,受西北气流控制;地面上,冷锋恰好位于本地。该过程是一次典型的冷空气南下过程,锋面到达本地的时间为早上。冷空气自北向南首先影响徐家汇站,之后影响金山站,风向也由 NW 转为 NE,并且在冷锋过境前,金山站有明显的锋前增温情况。因此,该日徐家汇站气温低于金山站气温。

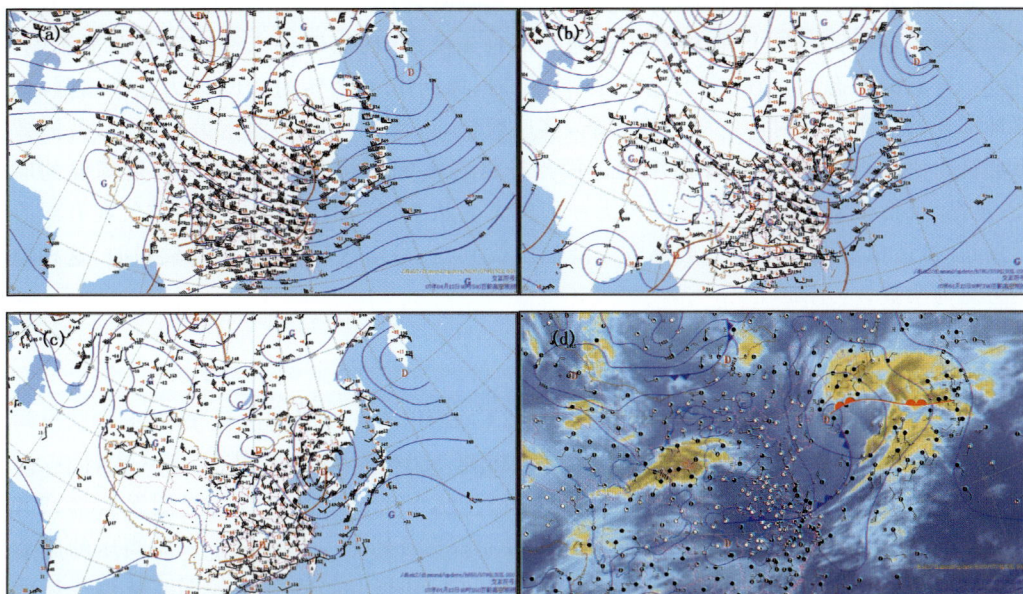

图6 2007年4月13日08时500 hPa(a),700 hPa(b)和850 hPa(c)高空图及地面天气与卫星云图(d)

2007年4月16日两站日最高气温相差-2.3℃,当天20时和次日08时的天空状况均为阴天,无低云,风向NNW转为WNW,2 min平均风速5.2 m/s(降温阶段20时—次日08时平均风速),且风速持续较强。由图7所示4月16日20时高低空气压系统配置可见,500 hPa上本地处于短波槽上;700 hPa本地处于入海短波槽后部,受西北气流控制;850 hPa上,本地位于入海低涡的后部,受西北气流控制;地面上,冷锋已移出本地,本地受偏北气流控制。

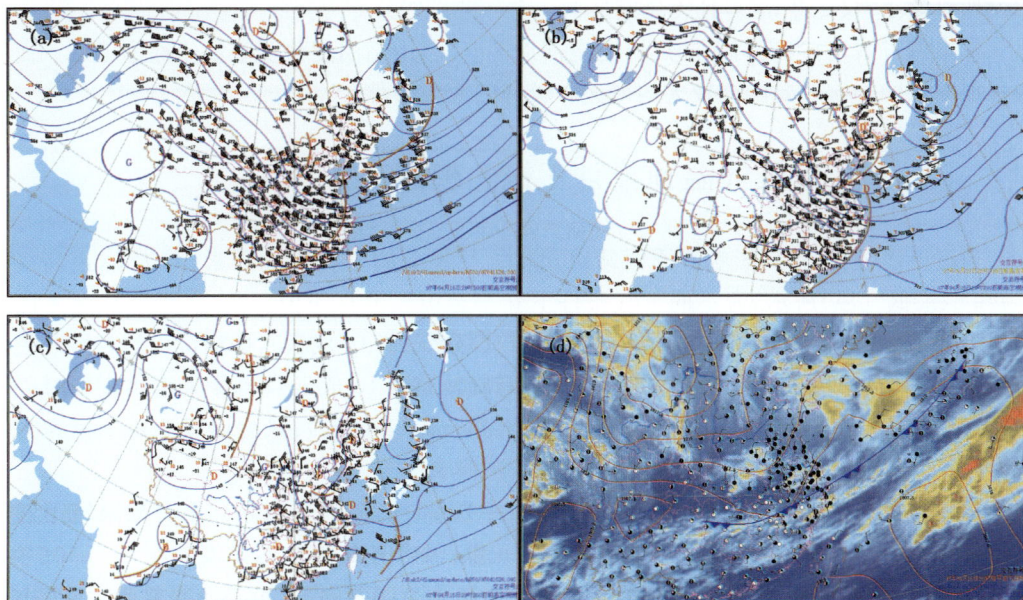

图7 2007年4月16日20时500 hPa(a),700 hPa(b)和850 hPa(c)高空图及地面天气与卫星云图(d)

对比上述两例可以发现,当有冷空气南下影响时,冷锋过境的时间对两站温差有较明显的影响。当冷锋在早上到达本地,本地北部首先降温,而南部还未受冷空气明显影响,仍处于升温的状态下,当冷空气完全控制本地时,风向由 NW 转为 NE,风力逐渐增强,南部地区开始降温。有时冷空气强度较弱,移速较慢,南部地区处于西南偏西风中,升温效果会更为明显,即有明显的锋前增温。而当冷锋在夜间影响时,由于处在辐射降温的时段,最高、最低气温倒置,且配合的风力一般较大。从上述两例可以看出,冷空气在升温阶段到达时,造成的两站温差一般要大于降温阶段到达,冷空气较弱,且移动较慢时,这种温差会更为明显。

(2)日最低温度

1)序列 1 的情况

2009 年 5 月 7 日日最低气温两站相差 4.2℃,5 月 6 日 20 时与次日 08 时天空状况均为晴空,无云,风向 ESE 转为 NE, 2 min 平均风速 1.0 m/s(5 月 6 日 17 时—次日 05 时平均风速)。由图 8 所示高低空气压系统配置可见,500 hPa 上本地处于低涡后部;700 hPa 上,本地处于入海低涡后部,受西北气流控制;850 hPa 上,本地位于入海高压的底后部,受偏东气流控制;地面上,本地为高压中心,风向逆时针旋转,强度较弱。从整层环流来看,为稳定层结,风力较弱,天空状况较好,利于辐射降温。

2)序列 5 情况

2010 年 3 月 12 日日最低气温两站相差-2.5℃,3 月 11 日 20 时、14 时天空状况均为晴,无云,风向 ESE 转为 S, 2 min 平均风速 3.7 m/s(3 月 11 日 17 时—次日 05 时平均风速)。由图 9 所示高低空气压系统配置可见,500 hPa 上本地处于高空低槽后;700 hPa 本地处于入海短波槽后部,受西北气流控制;850 hPa 上,本地位于低槽前部,受西南气流控制;地面上,本地为入海高压后部,受东南气流控制。从逐小时的气温资料来看,当金山站风向转为偏南风后,风速加大,气温降幅明显减小,基本维持不变,而徐家汇站风速较金山站明显偏小,仅 1.2 m/s,且无确定风向。

从本例可看出,当夜间海陆风影响南部地区时,金山站温度将明显高于徐家汇站。而这种海陆风的影响还要配合较大的风速和较好的天空条件。

3 春季金山区气温预报订正概念模型

通过上述分析,得到影响春季两站出现较大气温差的主要影响因素,如表 5(最高气温)和 6(最低气温)所示,为不同天气条件下春季金山气温订正值。其中,天空状况不同情况指两站天气状况为晴(0~3 成云)和阴天/有降水(9~10 成云),即当金山站较好时表示金山站为晴天(0~3 成云),徐家汇站为阴/有降水(9~10 成云);当徐家汇站较好时表示金山站为阴/有降水(9~10 成云),徐家汇站为晴(0~3 成云);风力则以 3 m/s 风速为分界。

对于日最高气温,考虑影响两站气温差的主要风向落在第二象限和第三象限转第四象限,因此这里仅列出这两种情况下的气温订正值,其余各象限中两站温差在 0~2℃中,以评分要求±2℃的标准来看,可以认为,在其他象限中,参照徐家汇站预报结论,对金山站气温预报无须订正。在风向由第三象限顺转第四象限,即为冷空气南下过程,影响两站

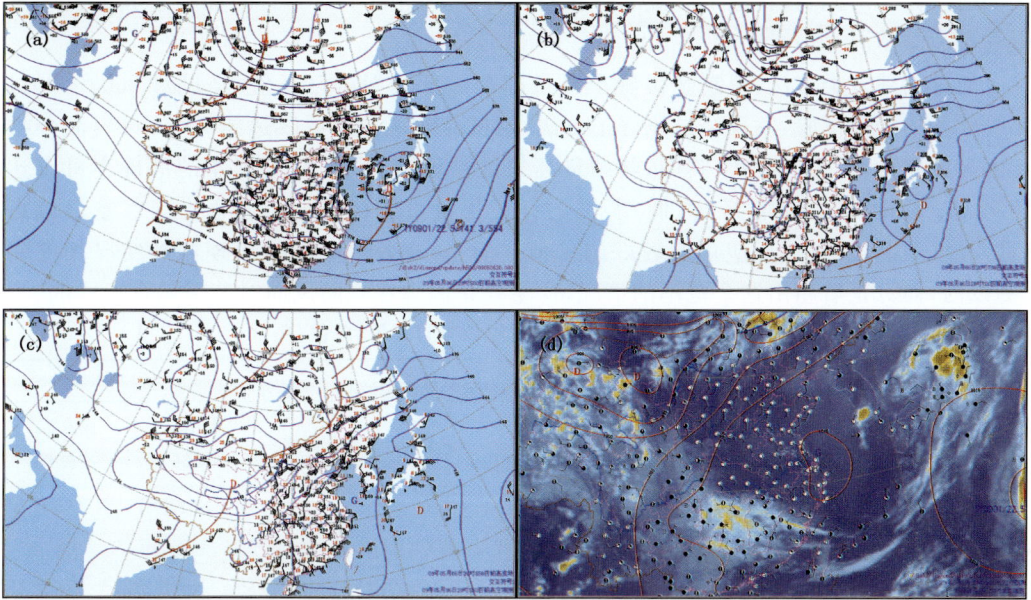

图8 2009年5月6日20时500 hPa(a),700 hPa(b)和850 hPa(c)高空图及地面天气图与卫星云图(d)

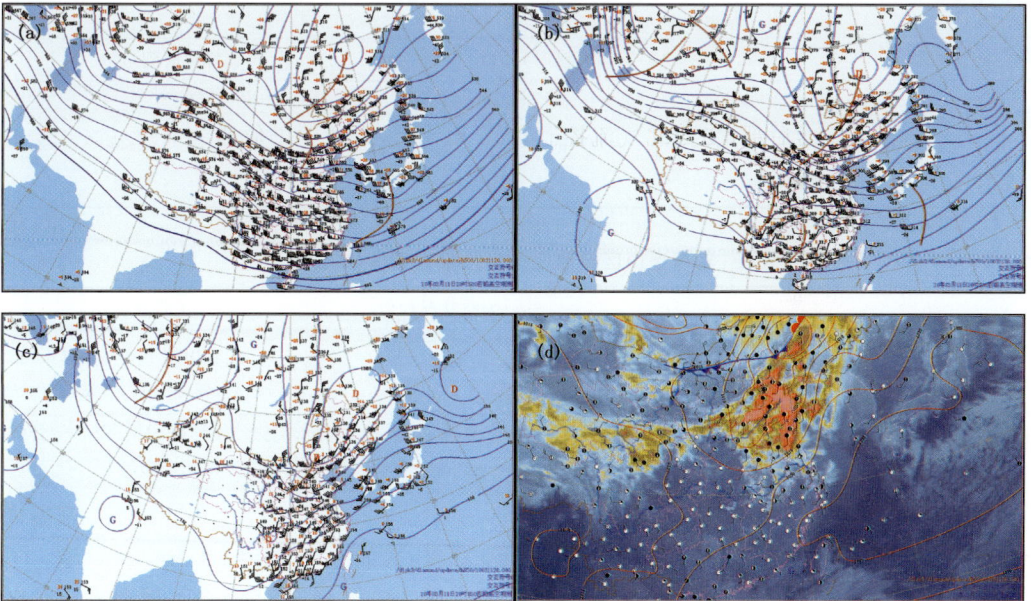

图9 2010年3月11日20时500 hPa(a),700 hPa(b)和850 hPa(c)高空图及地面天气与卫星云图(d)

最高气温差异的主要要素是南下速度和过程出现的时间。从5年(2007—2011年)的记录中可知,冷空气南下过程中,本地风向顺转同时风力逐步加大,天空状况相似。因此,出现风向顺转时,风力分级、天空状况分型就无必要。

对于日最低气温,主要影响因素是天空辐射条件和近地面风向。而由于地面风向处于第二象限时对金山站降温有明显的抑制作用,风向处于其他象限时,主要的决定因素在于辐射条件。对此,将日最低气温的订正条件分为风向处于第二象限和处于其他三个象限这两大类情况。

通过上述分类方法,得到金山春季日最高和最低气温的订正值,经过对 2007—2011 年日气温的统计试验,发现经过该订正方法,预报准确率普遍可以达到 70%(以气温预报与实况相差±2℃为标准)。其中,两站最高气温差值达到 4℃ 以上样本的准确率可以达到 75%。可见,金山区日最高(低)温度的订正预报可以较好地拟合金山区春季日最高(低)温度观测值,对业务应用有较好的价值。但是,在各个季节均出现两站实况相差在 2℃ 以内,而订正后超出这个范围的情况,这主要是因为在判断风向时范围偏宽造成的。

表 5　春季金山区日最高气温预报订正值(单位:℃)

| 风向 | 风速 | 天空状况相似 | | | 天空状况不同 | |
		晴	多云	阴/降水	金山站较好	徐家汇站较好
3 月	0~3 m/s	−2	−1	−1	−2	−3
	>3 m/s	−3	−2	−2	−2	−4
4 月　第二象限	0~3 m/s	−3	−2	−1	−2	−3
	>3 m/s	−4	−3	−2	−3	−4
5 月	0~3 m/s	−4	−3	−2	−3	−3
	>3 m/s	−6	−5	−3	−5	−4

		冷锋升温时到达	冷锋降温时到达
3 月		1	1
4 月　顺转		3	2
5 月		1	1

表 6　春季金山区日最低气温预报订正值(单位:℃)

| 风向 | 风速 | 天空状况相似 | | | 天空状况不同 | |
		晴	多云	阴/降水	金山站较好	徐家汇站较好
3 月	0~3 m/s	−4	−2	−1	−4	−2
	>3 m/s	−2	−1	0	−2	−1
4 月　第一、三、四象限	0~3 m/s	−3	−2	−1	−3	−2
	>3 m/s	−2	−1	0	−2	−1
5 月	0~3 m/s	−3	−2	−1	−4	−2
	>3 m/s	−2	−1	0	−2	−1
3 月	0~3 m/s	1	0	0	0	2
	>3 m/s	2	1	0	1	3
4 月　第二象限	0~3 m/s	2	1	1	1	1
	>3 m/s	3	2	1	2	2
5 月	0~3 m/s	1	0	0	0	1
	>3 m/s	2	1	1	1	2

4　结论

(1)春季金山站日最高/最低气温的振荡幅度是逐月递减的,当季节有所推迟时,这种递减率也会有所后推。从日最低气温来看,与最高气温相似,振荡是逐月减小的,但总体变化强度不如日最高温度。

(2)对比金山站和徐家汇站日最低、最高气温,并将两站气温差值分为5级统计。发现,对于日最高气温,从3—5月两站的日最高气温差异达到4℃以上开始占比明显升高;徐家汇站日最高气温低于金山站超过2℃的可能性较小。对于日最低气温,徐家汇日最低气温一般较金山站高出2℃以内;而徐家汇站最低气温低于金山站2℃的可能性为小概率事件。两站的日最高气温差异要远大于日最低气温,因此预报难度也较大。对于日最高气温,预报时需要注意针对不同的月份来订正温差;日最低气温的预报则不需要对月份做过多的调整。

(3)徐家汇站日最高气温高于金山站的天气形势:天空状况较好时,配合有东南风,就有利于两站出现较大的温差;天空状况较差时,如出现较强的东南风,则两站仍有出现较大温差的可能。天空状况相似时,金山站的气温预报主要应关注低层的环流形势和地面风场的情况,综合考虑风场与天空状况的结合才能把握好气温预报。

(4)徐家汇站日最高气温低于金山站的天气形势:当有冷空气南下影响时,冷锋过境的时间对两站温差有较明显的影响。冷空气在升温阶段到达时,南部地区有锋前增温的过程,造成的两站温差一般要大于降温阶段到达,冷空气较弱,且移动较慢时,这种温差会更为明显。

(5)日最低气温徐家汇站高于金山站的天气形势:从上下层配置来看,一般为稳定层结,风力较弱,天空状况较好,利于辐射降温。

(6)日最低气温徐家汇站低于金山站的天气形势:当夜间海陆风影响上海南部地区时,金山站气温将明显高于徐家汇站。而这种海陆风的影响尚须较大风速和较好天空条件相配合。

综上所述,在进行春季金山单站预报时需要注意如下几点:①参考徐家汇站气温数值预报时要注意,在相同天气形势下,对不同的月份所进行的订正幅度不同,3月幅度要小于5月;②预报日最高气温时,当850 hPa上金山区处于入海高压后部,同时地面风向处于第二象限时,易出现金山站气温远低于徐家汇站的情况;而出现徐家汇站低于金山站的天气形势主要与冷锋过境时影响两站的时间差有关,如冷锋在升温时段过境,则两站温差大于冷锋在降温时段过境;③预报日最低温度时,如上下层为稳定层结,风力较小,辐射降温明显,则金山站与徐家汇站温差易出现较小值;而如夜间有较强的海陆风影响金山地区,则金山站温度将高于徐家汇站。

参考文献

[1]　朱乾根,林锦瑞,寿绍文,等.天气学原理和方法[M].北京:气象出版社,2007:21-23.

[2]　梁理新,黄国宗.单站最高最低气温预报方法研究[J].广西气象,2006,**111**(27):4-5.

［3］ 张冰,魏建苏,裴海瑛. 2006 年 T213 模式在江苏的降水和温度检验评估[J].气象科学,2008,**28** (4):468-472.

［4］ 梁红,王元,钱昊,等.欧洲 ECWMF 模式与我国 T213 模式夏季预报能力的对比分析[J].气象科学,2007,**27**(3):253-258.

［5］ 张德山,窦以文,白钢,等.日较差分级的北京地面逐时气温预报[J].气象,1999,**25**(5):54-57.

［6］ 王芬娇,李昌义,王立静.单站气温短时预报的气候统计方法[J].山东气象,2003,**23**(2):15-17.

［7］ 周翠芳,徐青,李奇.石嘴山市单站短时温度预报方法及检验[J].宁夏农林科技,2013,**54**(4):111-112.

［8］ 邱学兴,王东勇,朱红芳.乡镇精细化最高最低气温预报方法研究[J].气象与环境学报,2013,**29** (3):92-96.

Research on the Spring Temperature in Jinshan Based on the Forecasting Temperature of Xujiahui Station, Shanghai

DU Qiqian

(*Jinshan Meteorological Office*, *Shanghai*　201508)

Abstract

Based on the daily extreme temperature of Jinshan Station from 2007 to 2011 in spring, the article focused on the extreme examples which are the difference between Jinshan Station and Xujiahui Station. Through these extreme examples, it is found that, to daily maximum temperature, when the wind directions are in second quadrant, the temperature of Jinshan is lower than Xujiahui, while the balance is dependent on the sky condition and wind speed. When wind directions change from the third to fourth quadrant, the temperature of Jinshan is higher than Xujiahui. For the minimum temperature, when the stratification is stable, the wind speed is low and the sky condition is good, the Jinshan temperature is lower than Xujiahui; however, when the sea breeze is stronger, and the sky condition is good, the temperature at Jinshan may be higher than that of Xujiahui. Due to the research, we have obtained the supplementary forecast model.

近 55 年松江区气候变化特征及其对农业影响初析

荣裕良[1]　张　霞[2]　马忠芬[1]　邵　晨[1]　杨涵洧[3]　包吉蕾[1]

(1 上海市松江区气象局　上海　201620；2 南通航运职业技术学院　南通　226000；
3 上海市气候中心　上海　200030)

提　要

本文利用松江气象观测站 1955—2010 年的气候资料,对松江地区热能、水分、光能资源和极端天气事件的气候特征及对农业的影响进行了分析,同时提出了农业适应对策。结果表明:(1)年均和季均气温、有效积温和生长期长度均呈上升趋势,表明松江地区热能资源增加。年平均气温存在 12～16a 的年代际变化周期,≥10℃的初日提前,平均为 3 月 29 日,终日延迟,平均为 11 月 23 日,生长期延长,平均为 238 d。(2)年降水呈波动增加趋势,夏、冬季降水呈增多趋势,而春、秋季为减少趋势;生长期降水量整体呈减少趋势,年降水总量主要出现 8～10a 的年际尺度振荡周期;松江区年降水日数及作物生长期降水日数呈减少趋势,春、秋季降水日数减少,夏、冬季降水日数则增多,中雨日数和暴雨日数呈增多趋势,其中以暴雨日数增加最为明显。(3)松江区年平均及作物生长期日照时数、年日照百分率都呈减少趋势,表明光能资源减少。(4)松江区的主要气象灾害有台风、暴雨、大风、雷暴、高温、低温冻害和连阴雨,各种气象灾害在不同时段的影响不同,集中出现在 5—10 月,以雷暴最为频繁。

关键词　热能　水分　光能　生长期　气象灾害

0 引　言

IPCC 第 5 次评估报告指出,全球气候已经变暖,1983—2012 年可能是北半球过去 1400a 来最热的 30a。1880—2012 年全球平均地表温度升高了 0.85℃。与 1850—1990 年相比,2003—2012 年这 10a 的全球地表平均温度上升了 0.78℃。近百年来,全球平均降水量变化不明显,但区域差异明显,极端干旱、洪涝事件频发[1]。根据 2012 年《中国气候变化监测公报》,1901—2012 年中国地表年平均气温呈显著上升趋势,并伴随明显年代际变化特征,其中 1913—2012 年中国地表气温上升了 0.91℃,气候变暖导致了中国部分地区的气候特征及极端气候事件的改变[2-8]。农业是对气候变化反应最为敏感和脆弱的领域之一,任何程度的气候变化都会给农业生产及其相关过程带来影响[9]。

松江区地处上海市郊西南、黄浦江上游,是江南著名的鱼米之乡,也是上海市重要农

资助项目:上海市气象局局列项目(MS201215)。

作者简介:荣裕良(1983—),男,江苏无锡人,工程师,主要从事气象观测、天气预报等工作。

副产品生产基地之一。在全球气候变暖的大背景下,松江区气候正在发生较为显著的变化,给当地经济发展和农业生态环境造成了很大影响。因此了解它的气候变化规律,对提高短期气候预测水平和指导本地农业生产具有重要参考意义。

1　资料和方法

1.1　资料来源

来源于松江气象观测站 1955—2010 年气温、降水、日照和极端天气灾害数据。根据气象上对四季的划分标准及松江当地的气候特点,选择 3—5 月为春季,6—8 月为夏季,9—11 月为秋季,12 月—次年 2 月为冬季。气象灾害标准参考《气象服务手册》(2005)。

1.2　研究方法

(1)界限温度初、终日期的确定

采用 5 d 滑动平均法来确定界限温度的起止日期。本文选取 10℃ 作为界限温度,统计 ≥10℃ 的初日、终日、喜温作物生长期长度及生长期内 ≥10℃ 有效积温。

(2)数理统计方法

距平为某气象要素 X 与其平均值 $\overline{X}$ 的差值,可以反映气象要素偏离平均值的状况,公式表示为:

$$X_t^0 = X_t - \overline{X}$$

式中: X_t^0 表示某气象要素的距平, t 表示时间,下同。

气候倾向率则通过气象要素的趋势变化用一元线性方程来表示:

$$Y_t = a_0 + a_1 t$$

式中: Y_t 为气象要素的拟合值; a_0 为拟合常数; a_1 称为年气候倾向率, $a_1 \times 10$ 则表示气象要素每 10a 的变化率。利用 F 检验统计量检验 m 个变量组成的回归方程的回归效果。

(3)小波分析法

小波分析又称子波分析,是一种信号的时间—频率分析方法,具有多分辨率分析的特点,在时域和频域都能反映出信号的振幅、位相和功率的局部变化特征。近年来广泛用于多尺度气候分析研究中[10]。本文采用 Morlet 小波变换方法。

2　结果与分析

2.1　热能资源

(1)平均气温的年代际变化特征

松江区近 55a 的年平均气温年代际变化基本呈上升趋势。20 世纪 60 年代、70 年代和 80 年代年平均气温有微弱上升,90 年代以后上升趋势明显,90 年代增幅 0.6℃,21 世纪初增幅 1.2℃,具有明显的年代际变化。

四季平均气温年代际变化也呈上升趋势,尤其春、秋两季变化倾向明显。春、秋季气候倾向率均大于年倾向率,为 0.4℃/10a,夏季倾向率小于年倾向率,为 0.2℃/10a。表明季平均气温春、秋季增温幅度最大,夏季增温幅度最小。对于 90 年代及以后的增暖,贡献最大的是春季和秋季(表 1)。

表1　松江区不同年代年均和季均气温(℃)及气候倾向率(℃/10a)

年代	年均	春季	夏季	秋季	冬季
1955—1960 年	15.3	13.5	26.4	17.0	4.6
1961—1970 年	15.5	13.8	26.2	17.7	4.1
1971—1980 年	15.5	13.7	26.2	17.2	4.7
1981—1990 年	15.4	13.8	26.1	17.5	4.5
1991—2000 年	16.0	14.4	26.2	17.9	5.5
2001—2010 年	17.2	15.7	26.7	19.4	6.0
气候倾向率	0.3	0.4	0.2	0.4	0.3

(2)平均气温的年均和四季变化特征

图1为近55a松江区年平均气温、气候平均值、线性趋势和5a滑动平均值曲线。从中看出,55a来,松江区气温呈波动升高趋势。年平均气温线性倾向变化通过了显著性F检验,说明年平均气温线性上升趋势显著,气候倾向率为0.35℃/10a。

从5a滑动平均趋势线可以看到,1992年以前气温相对较低,只是1961—1966年有短暂的升温,1992年以后,一直处于偏暖阶段,目前仍处于偏暖气候背景时期。即近55a松江区经历了冷暖两个时期,以1992年为界,前期偏冷,之后为偏暖期。偏冷期1957年为年平均气温最低点,1992年起气候急剧变暖,且2007年达到了1955年以来的最高值。

四季的气温变化(图略)均呈线性上升趋势。计算结果表明,一年四季的气温变化均通过了显著性检验。

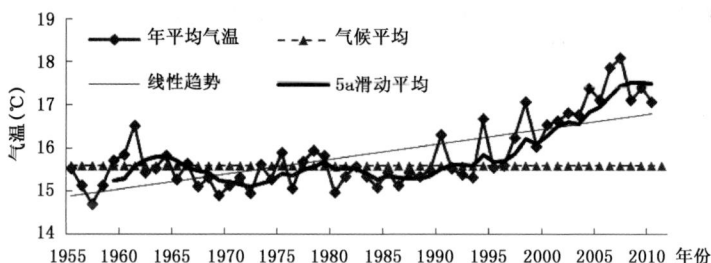

图1　松江区年平均气温的年际变化

(3)气温的周期变化

图2为松江区年平均气温小波变换图(四季图略)。总体而言,年平均气温与四季平均气温在周期振荡上有着相似的特征,但同时也具有各自的特点。可以看出,在36～46a时间尺度上,松江年平均气温存在"暖—冷—暖"的振荡变化,其中第一个暖期自1955年至20世纪70年代中后期,而随之的冷期则一直持续至90年代中后期,并在之后再次转变为暖期。在24～36a时间尺度上,松江平均气温则存在"冷—暖—冷—暖"的振荡变化。在10～20a时间尺度上,则呈现出"冷—暖—冷—暖—冷—暖"的变化特点。以上这种长时间尺度振荡变化特点,从四季图中也可以看出。在振荡周期上,松江年平均气温主要存在12～16a的年代际变化周期,这一年代际变化在夏季及冬季的平均气温中也有明显的

体现。此外,在各个季节中,更表现出 4～8a 的年际尺度周期变化。

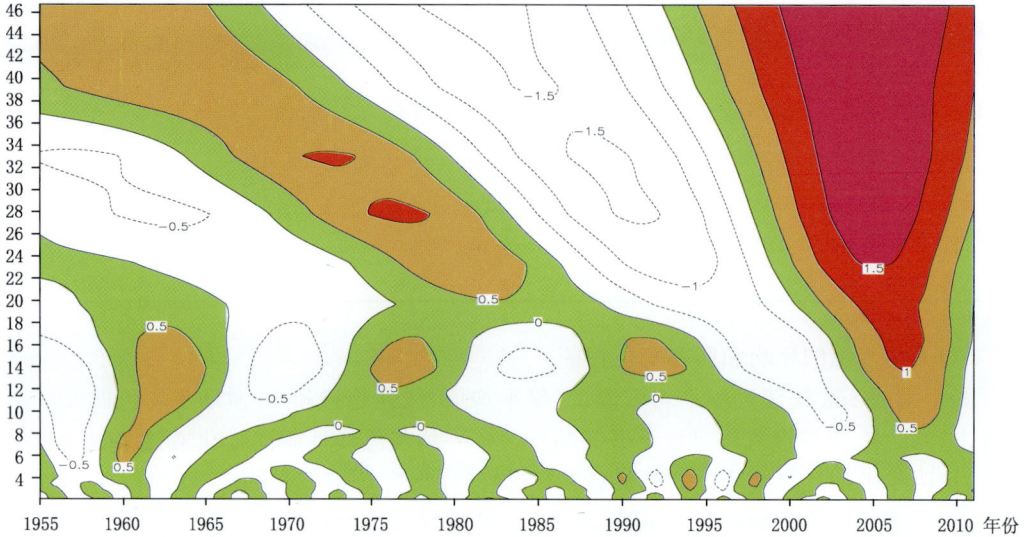

图 2　松江区年平均气温小波变换图

　　(4)喜温作物生长期长度和有效积温的变化特征

　　分析表明,松江区稳定通过 10℃的初日提前,平均为 3 月 29 日,终日延迟,平均为 11 月 23 日,生长期延长,平均为 238 d,≥10℃有效积温增多,平均 2673.1℃·d。通过计算,本文把 4—11 月这段时间定为本地作物的生长期。≥10℃有效积温和生长期长度年际变化都呈明显的线性上升趋势。20 世纪 90 年代以前呈波动变化,90 年代以来有效积温明显增多,近 10a 有效积温均值比 60 年代增加 412.5℃,初日提前 12 d,终日延晚 5 d,生长期长度延长 17 d。有效积温以 80.7℃/10a 的速度增多,生长期长度以 3.7 d/10a 的速度增长(图 3,图 4)。

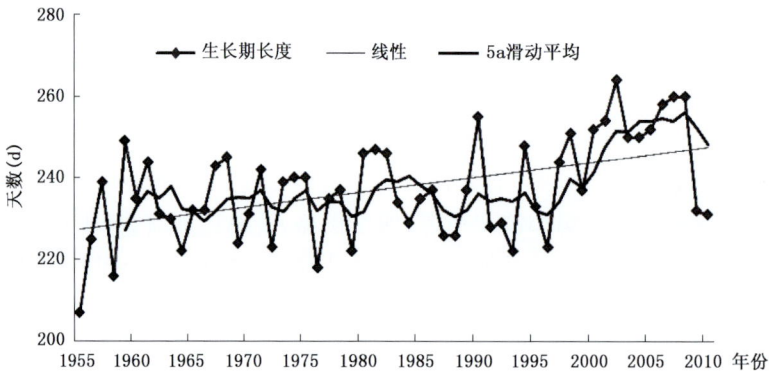

图 3　松江区喜温作物生长期长度年际变化

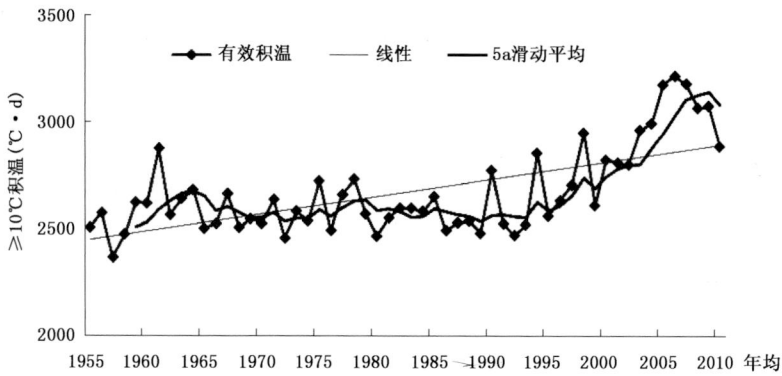

图 4　松江区≥10℃有效积温年际变化(单位:℃·d)

2.2　水分资源

(1)降水量的年代际变化特征

近 55a 来,松江区降水量存在明显的年代际变化。从 20 世纪 50 年代后期开始降水量一直在增多,90 年代降水量达到最大,近 10a 降水量比 20 世纪 90 年代减少 1786.7 mm(表 2)。松江区四季降水量(表略)各年代变化情况为:春、秋季 70 年代以后变化比较一致,70 年代降水减少,80 年代降水增多,90 年代以后降水减少;进入 21 世纪以后,春、夏、秋季降水都进入减少期,而冬季则进入降水增多时期。

表 2　松江区不同年代的总降水量(mm)

年代	降水量	与上年代比较
1955—1960	7284.7	
1961—1970	10225.1	2940.4
1971—1980	10595.9	370.8
1981—1990	11941.4	1345.5
1991—2000	12444.6	503.2
2001—2010	10657.9	−1786.7

(2)降水量的年变化特征

在气候变暖的同时,松江区降水量也呈波动增加趋势,平均每 10a 增加 9.8 mm。降水量的变化大致可以分为 3 个阶段,1962—1982 年处于降水偏少期,1983—2002 年处于偏多期,2003—2010 年又处于降水偏少期。年降水量线性倾向变化没有通过显著性检验,降水量线性增加趋势不显著(图 5)。

喜温作物生长期降水量整体呈减少趋势,每 10a 减少 4.2 mm。1963 年以前是偏多时期,1964—1974 年为偏少时期,1975 年以后为降水波动时期,1999 年为降水最多年。

四季降水量中夏季、冬季为增多趋势,春季、秋季为减少趋势,年际波动明显,但均没有通过显著性检验,松江四季降水量变化不明显。

(3)降水量的变化周期

图 6 为松江年降水量小波变换图(四季降水量图略)。总体而言,年降水量与春、夏、

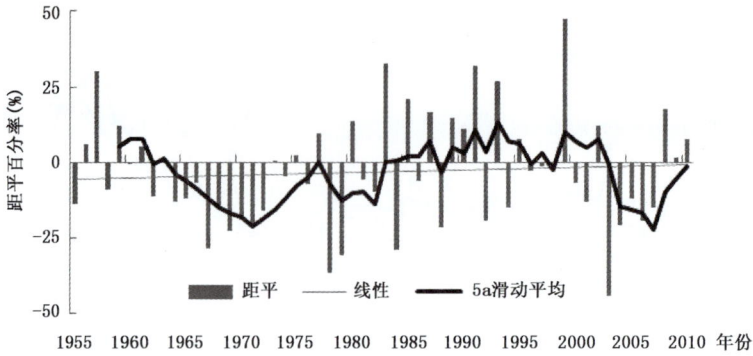

图 5　松江区年降水距平百分率直方图(单位:%)

秋季降水量在周期振荡上有着相似的特征,而冬季却存在不同的特点。在 24～42a 的时间尺度上,年降水存在"多—少—多—少"的振荡变化,第 1 次偏多的时期自 1955 年至 60 年代中期,第 2 次偏多的时期则在 80 年代前期至 21 世纪初期,其余则为降水偏少的时期。而冬季在 36～46a 时间尺度上降水出现"多—少—多"的振荡变化,在 24～36a 时间尺度上则为"少—多—少—多—少"的振荡变化。而在较短时间尺度上,年降水量的振荡变化与四季降水量的振荡变化出现差异,但总体上均出现振荡较为频繁等特点,而降水多、少的振荡出现的时期则略有不同。在振荡周期上,年降水量主要出现 8～10a 的年际尺度振荡周期。这一年际尺度振荡周期在四季中均有所体现。此外,夏季降水量在 60 年代至 90 年代中后期存在 20a 左右年代际尺度振荡周期,而冬季降水量则存在 16a 左右年代际尺度振荡周期。

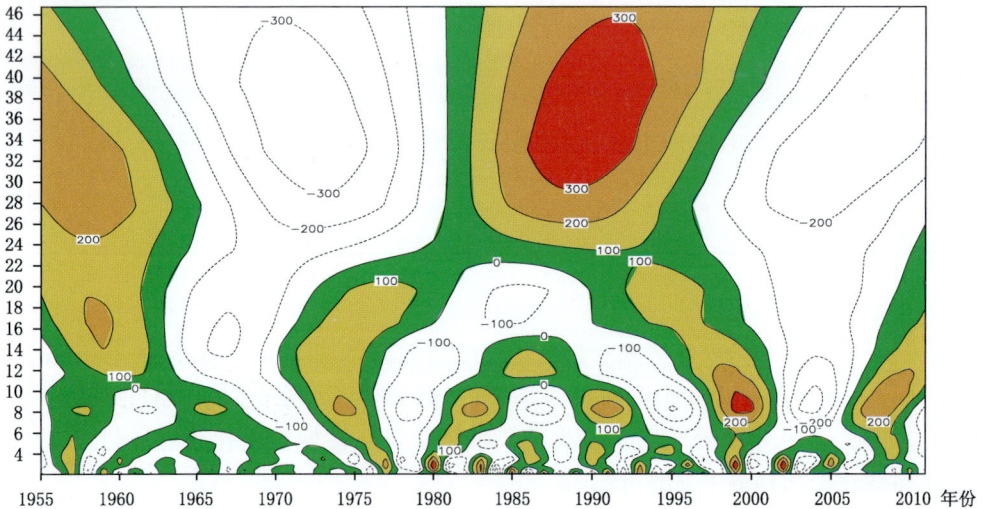

图 6　松江区年平均降水量小波变换图

(4)降水日数的变化特征

近 55a 松江区降水日数小波分析表明,松江区年降水日数呈减少趋势,速率为每 10a 减少 0.9 d,与年降水量趋势相反,说明虽然降水日数减少了,但是降水强度却有增大的趋势。喜温作物生长期降水日数也呈减少趋势,平均每 10a 减少 1.5 d。各年代的年平均降水日数为:50 年代为 132 d,60 年代为 132 d,70 年代为 140 d,80 年代为 138 d,90 年代为132 d,21 世纪初为 127 d。降水日数偏多的是 70 年代和 80 年代,进入 21 世纪后降水日数减少很明显。

各季降水日数变化情况是:春、秋季降水日数减少,夏、冬季降水日数增多,这与四季降水量变化保持一致(图略)。

松江区平均各级降水日数变化不一,中雨日数和暴雨日数呈增多趋势,其中以暴雨日数增多最明显,大雨日数呈微弱减少趋势。各级降水日数从 50 年代起到 90 年代末都呈持续增加趋势,直到进入 21 世纪,各级降水日数都明显减少。

2.3 光能资源

(1)日照时数变化特征

近 55a 来,松江区年平均日照时数呈显著减少趋势,倾向率为 76.3 h/10a。从 50 年代开始到 1982 年为年日照时数偏多期,最多年是 1955 年,为 2398.1 h,1983 年开始进入日照时数偏少时段,最少年为 2009 年,为 1576.7 h。作物生长期年平均日照时数也呈显著减少趋势,每 10a 减少 61.2 h。从年代际变化来看,年平均日照时数 60 年代为最多,达到 2164.3 h,近 10a 的日照时数最少,为 1768.4 h,两者相差 395.9 h(图 7)。

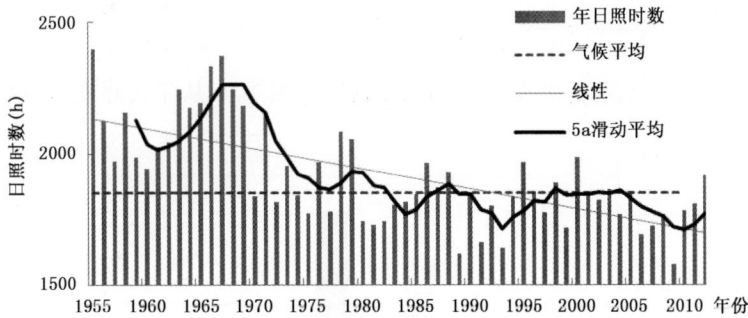

图 7　松江年日照时数年际变化(单位:h)

日照时数主要受太阳辐射、水汽、云量等因素的影响,但随着城市化的快速发展,城市大气中的气溶胶颗粒物、氮氧化物、碳氧化合物、碳氢化合物、光化学烟雾等空气污染物明显增多,这些污染物不仅影响水平视程,减小水平能见距离,且能吸收和散射太阳辐射,减少到达地面的太阳辐射,可能造成日照时数减少。

(2)日照百分率变化特征

松江区年日照百分率(图 8)与年日照时数变化趋势一致,也呈逐渐减少趋势,每 10a下降 1.9 个百分点。日照百分率最高年份也是出现在 1955 年,最低年也是出现在 2009年。喜温作物生长期内的日照百分率也呈减少趋势,每 10a 减少 2 个百分点。从年代际变化来看,60 年代日照百分率最高,近 10a 的日照百分率比 60 年代要低 9 个百分点(图 8)。

2.4 主要气象灾害变化特征及影响

据 1955—2010 年资料统计,松江区几乎每年都有气象灾害出现。主要灾害有台风、暴雨、大风、雷暴、高温、低温、连阴雨,各种气象灾害在不同的时段影响不同(表 3),但集中出现在 5—10 月。

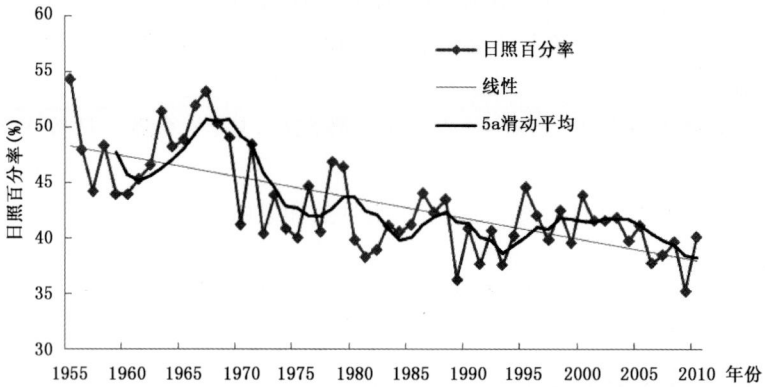

图 8　松江区近 55a 来日照百分率年际变化

表 3　1955—2010 年松江区主要气象灾害及主要影响时段

灾害名称	台风	暴雨	大风	雷暴	高温	低温	连阴雨
影响时段	5—10 月	6—9 月	全年	全年	5—9 月	11 月—次年 3 月	春、秋季

　　松江区上述 7 种气象灾害共出现 3684 次(图 9),其中雷暴最多,共 1562 次,大风其次,共 766 次。台风共有 84 次,平均每年 1.5 次,最多年 4 次,出现在 5—10 月,以 8 月为最多。从暴雨日数的年际变化看,总体呈增加趋势(图 10),从年代际变化看(表 4),20 世

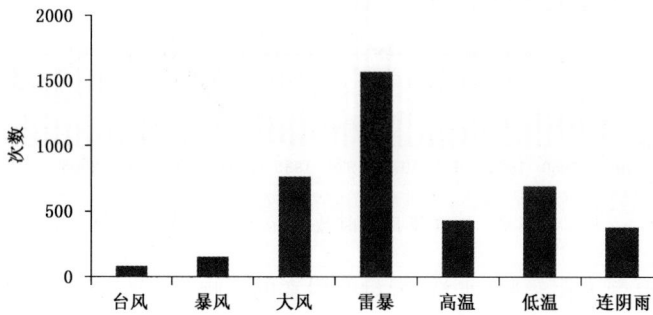

图 9　1955—2010 年松江区主要气象灾害次数直方图

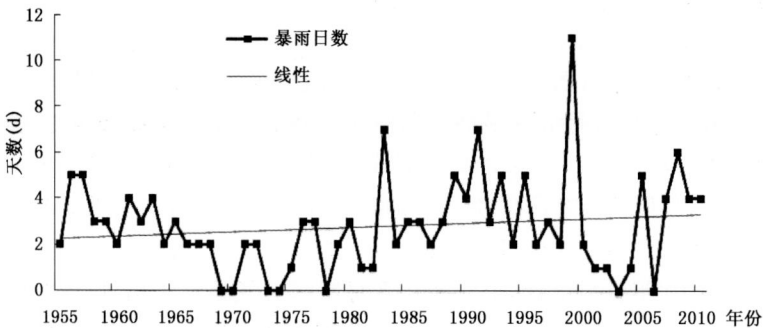

图 10　松江区年暴雨日数年际变化

表4　松江区不同年代暴雨日数(d)

年代	暴雨日数	与上年代比较
1955—1960	20	—
1961—1970	22	2
1971—1980	16	−6
1981—1990	31	15
1991—2000	42	11
2001—2010	26	−16

纪60年代、80年代和90年代分别为增多趋势,而70年代和21世纪初则为减少的趋势,具有明显的年代际变化。高温日数呈明显的增加趋势(图11),从年代际变化看(表5),除了20世纪80年代为减少外,其余都呈增加趋势,特别是到了21世纪初高温明显增加。大风共出现766次,年均为13.7次,最多为61次(1963年),从年际变化看(图略),以20世纪60年代中期为界,之前大风次数较多,此后大风出现次数趋于减少,特别是到了90年代大风次数更少,这可能与测站附近城市化效应有关。雷暴共出现1562次,年均27.9次,并呈现出增多的趋势。松江区的年低温日数变化总趋势是趋于减少的。松江地区连阴雨每年都会出现,共出现381次,平均每年出现7次,年际波动不大。

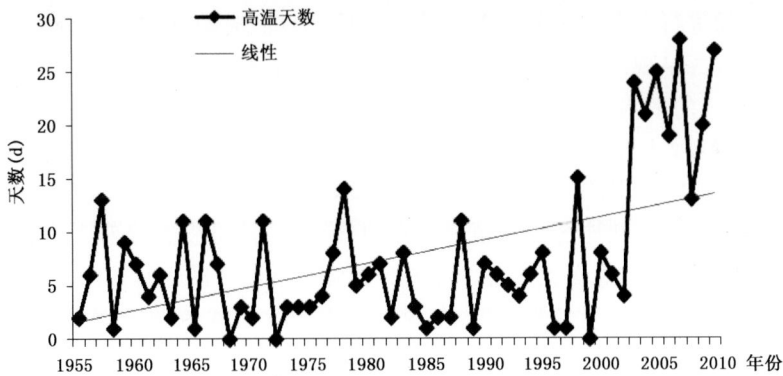

图11　松江区年高温日数年际变化

表5　松江区不同年代高温日数(d)

年代	高温日数	与上年代比较
1955—1960	38	—
1961—1970	47	9
1971—1980	57	10
1981—1990	44	−13
1991—2000	54	10
2001—2010	187	133

2.5　气候变化对农业的影响初探

(1)热量资源变化的影响

松江区年平均温度升高,有效积温增加,使本地的热量资源增加,适合喜温作物生长的日期延长了,对作物起到了有益的影响。顾品强等研究表明,上海地区单季晚稻单产随着年平均气温的升高而呈明显的上升趋势[11]。

温度升高的负面影响是夏季高温日数增多,高温热害对作物带来不利影响。顾忠良等研究表明,高温造成2010年松江区中稻空壳率明显增加[11];气候变暖对农作物病虫害发生的影响也相当明显。顾品强等研究表明,气候变暖、降水增多所形成的高温高湿条件,有利于病虫害的发生及其感病、危害期的延长,如上海麦子赤霉病、白粉病、油菜菌核病、水稻纵卷叶螟等发生与危害程度有加重之势,而在低温多雨或高温低湿条件下有利于发生的病虫害如麦子黏虫、褐飞虱、纹枯病等则有减轻趋势或变化不大[13]。

(2)水分资源变化的影响

从松江地区降水量变化来看,近55a来松江地区年总降水量呈波动增加的趋势,但是喜温作物生长期内降水量趋于减少。从松江区平均各级降水日数变化来看,中雨日数和暴雨日数呈增多趋势,其中以暴雨增多最明显。贺芳芳等研究表明,上海地区的暴雨自1995年以来逐渐向强、局部、特短时间方向变化[14],当暴雨出现时,往往使农田受淹、肥料流失、农业成本增加,在作物收获季节,还会使果实浸水后发芽霉烂,造成巨大损失。

(3)光能资源变化的影响

光照是植物进行光合作用的基础。从松江地区日照时数和日照百分率资料来看,松江地区的光能资源呈现减少的趋势,将对植物生长产生不利的影响。

(4)极端天气的影响

台风常会带来大风和暴雨,引起农田积水,作物受淹、倒伏,造成巨大的经济损失。例如,2005年受台风"麦莎"影响,全区出现大风和普降暴雨,导致生梨大量坠落,农作物受淹倒伏。雷暴灾害是松江地区出现频率最高的气象灾害,可以直接对人畜和农业设施造成损害,并可能引起火灾等次生灾害。高温日数随着气候变暖也日趋增多,对作物生长极为不利;冬季气温升高,低温日数减少,有利于农作物病虫越冬,加重次年对作物危害;在水稻播种育秧时节出现连阴雨,影响水稻分蘖发棵和壮苗;水稻收割和小麦播种期出现连阴雨,会影响水稻收割进度、谷粒严重损失,小麦播种推迟、烂耕烂种,降低播种质量,不利于高产,例如,2008年秋季连阴雨,影响水稻收割和小麦播种。

(5)农业适应对策

首先,利用气候变暖、热量条件变好、积温增加有利条件,适当调整农作物种植结构,选育优良品种,增强农作物抵御自然灾害的综合能力。气候变暖,冬季温度升高,为发展冬季农业生产提供了有利的农业气象条件,应充分利用发展扩大冬季作物生产面积,以求热量资源得到充分利用,提高经济效益。

其次,继续加强农田水利建设、节水农业体系、农田防护林等有利于农业适应气候变化能力的现代设施。选育光合能力强、抗病虫害的优良品种。

第三,根据农业气候条件可能发生的变化,开展气候对农业生产的模拟试验和田间试验,确定可能的影响程度。开展实用技术的开发研究,如开展了早熟水稻抽穗扬花期间高温影响的防御措施研究等[11]。

第四，通过对气候变化的研究，提高气候变化背景下天气预测预报的能力和水平，与各类农业气象灾害指标及灾害预警系统紧密结合，发布准确、及时的天气和农业气象灾害预警信息，减少农业损失，为此作者等参与建设了松江现代农业气象灾害预警系统[15]，系统初步实现了自动气象站实时监测信息、设施大棚微气象监测信息、天气预报信息、农业气象灾害预警指标及农作物生长、病虫害监测信息的有机融合，通过多种信息传媒和渠道发布农业气象灾害预报预警信息，系统实现业务化以来为松江区农业防灾减灾提供了有益的气象服务。

3　结论

（1）松江年、季平均气温、喜温作物生长期长度和有效积温均呈增加趋势。年平均气温存在 12～16a 的年代际变化周期，≥10℃初日提前，平均为 3 月 29 日，终日延迟，平均为 11 月 23 日，生长期延长，平均为 238 d。年降水量呈波动增加趋势，夏、冬季降水呈增多趋势，而春、秋季为减少趋势。生长期降水量整体呈减少趋势，年降水总量主要出现 8～10a 的年际尺度振荡周期。松江区年及作物生长期降水日数呈减少趋势，春、秋季降水日数减少，夏、冬季降水日数则增多，暴雨日数呈增多趋势；年平均及生长期日照时数、年日照百分率都呈减少趋势。

（2）松江区的主要气象灾害有台风、暴雨、大风、雷暴、高温、低温冻害和连阴雨，各种气象灾害在不同时段的影响不同，集中出现在 5—10 月，以雷暴最为频繁。暴雨、雷暴、高温灾害呈现增多趋势，大风、低温冻害为减少趋势，台风和连阴雨变化不大。

（3）根据本地区气候变化的实际状况，除了提出常规的农业适应对策外，陆续开展松江早熟水稻抽穗扬花期间高温影响的防御措施研究等农业气象田间试验，开发的"松江现代农业气象灾害预警系统"已经投入服务"三农"的气象业务应用。

参考文献

[1] IPCC. Climate Change 2013：The Physical Science Basis[EB/OL]. http:// www.ipcc.ch.

[2] 刘燕,程正泉,叶萌.广州市气温的气候变化特征及其成因分析[J].气象,2008,**34**(2):52-60.

[3] 陆虹,陈思蓉,郭媛,等.近 50 年华南地区极端强降水频次的时空变化特征[J].热带气象学报,2012,**28**(2):219-227.

[4] 翟盘茂,任福民.中国近四十年最高最低温度变化[J].气象学报,1997,**55**(4):418-429.

[5] 陈少勇,王劲松,郭俊庭,等.中国西北地区 1961—2009 年极端高温事件的演变[J].自然资源学报,2012,**27**(5):832-844.

[6] 潘敖大,范苏丹,陈海山.江苏省近 50a 极端气候的变化特征[J].气象科学,2010,**30**(1):87-92.

[7] 程向阳,谢五三,刘岩,等.安徽省近 50 年雷暴的时空变化特征及影响因素[J].长江流域资源与环境,2012,(01):117-121.

[8] 周海,尚可政,王式功,等.日喀则近 53 年气候变化特征分析[J].气象科技,2011,**39**(2):165-171.

[9] 周曙东,周文魁,朱红根,等.气候变化对农业的影响及应对措施[J].南京农业大学学报：社会科学版,2010,**10**(1):33-37.

[10] Farge M. Wavelet transforms and their applications to turbulence[J]. *Annu Rev Fluid Mech*,1992,

大气科学研究与应用(2014·2)

24:395-457.

[11] 顾品强,金巧玲.气候变暖对上海奉贤地区单季晚稻产量的影响[J].上海农业学报,2009(3).

[12] 顾忠良,汤剑平,张学连.上海地区2010年部分中粳稻高空壳率成因分析[J].大气科学研究与应用,2011(1):107-111.

[13] 顾品强,吴永琪.奉贤区40年气候变化与农业合理开发利用[J].上海农业学报,2000,**16**(3):13-18.

[14] 贺芳芳,赵兵科.近30年上海地区暴雨的气候特征[J].地球科学进展,2009,**24**(11):1260-1267.

[15] 荣裕良,戴蔚明,薛正平.松江现代农业气象灾害预警系统的研发与应用[J].大气科学研究与应用,2012(1):101-108.

Analysis of Climate Features and Impacts upon Agriculture in Songjiang In Recent 55 Years

RONG Yuliang[1]   *ZHANG Xia*[2]   *MA Zhongfen*[1]   *SHAO Chen*[1]
YANG Hanwei[3]   *BAO Jilei*[1]

(1 *Songjiang Meteorological Office*, *Shanghai*   201620;
2 *Nantong Shipping College*, *Nantong*   226000;
3 *Shanghai Climate Center*, *Shanghai*   200030)

Abstract

This article analyzed the climate features from heat, moisture, light resource, extreme weather events and their impacts upon agriculture by taking advantage of climate data from the year 1955 to 2010 in Songjiang Observation Station. Meanwhile, it proposed the scheme against the disasters. Analysis showed that, (1) the annual average temperature, the effective accumulated temperature and the length of growing all went up, which indicated that the heat resource in Songjiang was added. The cycle of annual mean temperature was 12 to 16 years. The beginning of the day of ≥10℃ was earlier, that was on March 29 on average and the ending day was delayed, that was on November 23 on average. And the length of growing was getting longer, that was 238 days on average. (2) the annual average rainfall was increased. More rain in summer, winter while less in spring, autumn. The rainfall during growing period was reduced entirely. The cycle of annual rainfall was 8 to 10 years. Rainfall days on crops in Songjiang were fewer, less in spring, autumn but more in summer, winter. More days of moderate rain and rainstorm, esp. rainstorm occurred. (3) the annual average sunshine, growing period sunshine and percentage of sunshine all went down. It showed the light resource decreased. (4) main meteorological disasters in Songjiang were caused by typhoon, rainstorm, gale, thunderstorm, high temperature, low temperature, freezing and even rainy. They occurred in different times, but mostly during May to October. The thunderstorm was more often than any others.

上海徐家汇和奉贤雾、霾日数气候变化特征分析

徐相明[1]　　顾品强[1]　　李　聪[2]

(1 上海市奉贤区气象局　上海　201416;2 上海中心气象台　上海　200030)

提　要

本文应用徐家汇、奉贤 1980—2013 年雾、霾观测资料,统计分析了两地雾、霾日数的变化特征及影响因素。结果表明:徐家汇、奉贤的平均年雾日数分别为 18.9d,29.9d,平均年霾日数分别为 81.6d,16.8d。徐家汇、奉贤年雾日数均呈逐年代减少趋势,徐家汇年霾日数呈"多→少→多→少"大幅波动型和弱减少趋势,奉贤年霾日数以 11.7d/10a 呈显著增加趋势。两地冬、春季雾发生概率高,霾为深秋至隆冬(11 月至次年 1 月)发生概率最高。奉贤雾与霾日数呈明显的反相位变化关系,且雾、霾总日数呈增多的变化趋势,与徐家汇雾、霾总日数呈弱减少趋势存在差异。奉贤年雾、霾总日数自 20 世纪末以来存在 5 年的周期变化。温度因子与徐家汇、奉贤雾日数大多呈反相关,但与奉贤霾日数呈正相关,与徐家汇霾日数相关不明显。湿度因子与徐家汇、奉贤雾日数和霾日数大多分别呈显著的正相关和负相关。大气污染程度与雾、霾日数密切相关,地区经济发展对雾、霾日数也有影响。

关键词　徐家汇　奉贤　雾　霾　相关分析　变化特征

0　引　言

大气能见度是一个重要的气象要素,而雾霾的强度直接影响大气能见度的好坏。雾霾造成的视程障碍现象不仅对交通运输有重要影响,而且霾的强弱更是环境污染程度的重要指标,它们与人们日常生活与经济社会的发展密切相关。

随着城镇化、工业化的高速发展,上海作为超大城市,其干岛、浊岛、热岛等局地小气候特征明显。其中工厂废气、汽车尾气排放等引起雾霾增多和大气污染,导致大气能见度下降,常常给航空、公路运输业等带来重大影响。如 2004 年 11 月 8 日早晨奉贤由于持续浓雾造成一起 10 人死亡 15 人受伤的特大交通事故。为此,本文通过对徐家汇、奉贤1980—2013 年两地雾、霾日数变化特征进行统计分析,探讨影响雾、霾日数的变化因素,以期为上海地区开展科学防灾减灾和空气污染有效治理提供参考依据。

资助项目:上海市奉贤区(社会类)科技发展基金项目(编号 201324)。

作者简介:徐相明(1984—),男,江苏南通人,本科,工程师,从事气候变化及预报服务研究;

　　　　　E-mail:237991915@qq.com。

1　资料来源及分析方法

1.1　资料

1980—2013 年徐家汇、奉贤两站的气温、相对湿度及雾、霾日数等气象资料均来源于上海市气象局徐家汇观测站、上海市奉贤区气象局气象观测资料,雾、霾日数取自人工观测记录。其中奉贤区气象局于 1990 年、1997 年、2010 年进行迁站,迁站前后观测地段探测环境差异不大,代表郊区气候,且对气候变化的响应能够较好反映出接近自然环境下的基本变化[1];徐家汇站于 1999 年 7 月由上海市龙漕路 58 弄迁至现址上海市蒲西路 166 号,代表城市气候。

1.2　方法

本文将 3—5 月作为春季、6—9 月作为夏季、10—11 月作为秋季、12 月—次年 2 月作为冬季。将 1980—1989 年划分为 20 世纪 80 年代,其余以此类推,其中 21 世纪 10 年代为 2010—2013 年数据统计值。采用 Excel 对气象要素资料进行统计参数计算和线性趋势分析,利用 Matlab 小波分析进行气象要素周期分析。

2　雾霾日数变化特征

2.1　雾日数变化特征

(1)雾日数的年际变化

徐家汇、奉贤 1980—2013 年 34a 平均的年雾日数(以下简称平均年雾日数)分别为 18.9 d,29.9 d,奉贤比徐家汇偏多 11.0 d(58.2%)。徐家汇、奉贤年雾日数最多分别为 44 d,45 d,分别出现在 1987 年、1992 年;徐家汇年雾日数最少为 0d,出现在 2011 年、2012 年;奉贤年雾日数最少为 5d,出现在 2012 年。1980—2013 年徐家汇、奉贤年雾日数分别呈 $-9.9d/10a$($r=0.81$,通过 $\alpha=0.01$ 显著性检验)、$-3.9d/10a$($r=0.40$,通过 $\alpha=0.05$ 显著性检验)减少趋势,与史军等[2]研究的华东区域雾日数从 1981 年开始呈现减少趋势的结论一致。

从 1980—2013 年徐家汇、奉贤年雾日数历年变化可以看出(图 1):徐家汇与奉贤两地在 1980—1989 年 10a 平均的年雾日数相近(分别为 30.0d 和 30.6d),且两地年雾日数变化趋向基本一致,分别围绕其均值上下波动;进入 20 世纪 90 年代之后的 24a 两地年雾日数均呈减少趋势,除 1996 年外,年雾日数奉贤明显多于徐家汇(年均偏多 15.3d)。

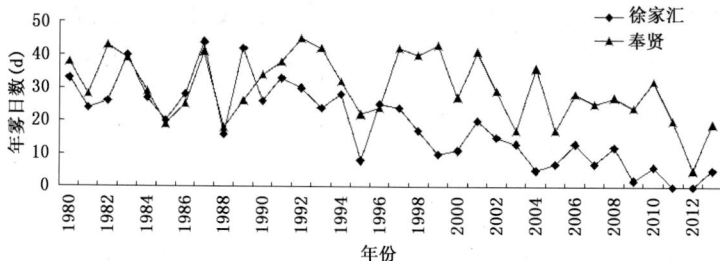

图 1　1980—2013 年徐家汇、奉贤年雾日数的年际变化

（2）雾日数的月、季变化

从 1980—2013 年徐家汇、奉贤各月 34a 平均的月雾日数（以下简称平均月雾日数）月际变化可以看出（图 2）：徐家汇、奉贤平均月雾日数最多月份均为 12 月，分别为 3.0 d，4.9 d，占两地平均年雾日数的 15.9%，16.5%；最少月份也均为 8 月，分别为 0.2 d，0.6 d，仅占平均年雾日数的 0.9%，2.2%；平均月雾日数月际分布两地均呈现双峰特征，高峰为 12 月，次高峰为 4 月；奉贤平均月雾日数大于 3 d 的有 5 个月，徐家汇仅 12 月大于 3 d；两地平均月雾日数在 5 月、7 月最接近，仅相差 0.1 d，而 12 月相差最大，奉贤比徐家汇多 1.8 d，相当于徐家汇 12 月月平均雾日数的 64%。

1980—2013 年四季中，徐家汇、奉贤的冬、春季雾发生概率高，其中冬季雾日数分别占全年的 33.3%，33.0%，春季雾日数分别占全年的 30.1%，25.7%。徐家汇春、夏、秋、冬四季雾日数的线性变化倾向率分别为 $-3.4d/10a$、$-1.9d/10a$、$-1.9d/10a$、$-2.6d/10a$，均通过 $\alpha=0.01$ 显著性水平检验；奉贤四季雾日数的线性变化倾向率分别为 $-0.5d/10a$、$-1.5d/10a$、$-1.5d/10a$、$-0.3d/10a$，其中夏季通过 $\alpha=0.01$ 显著性水平检验，秋季通过 $\alpha=0.05$ 显著性水平检验，春、冬季未通过检验。表明徐家汇四季雾日数均呈减少的变化趋势，奉贤夏、秋两季雾日数呈减少的变化趋势，而春、冬两季雾日数变化不明显。徐家汇以冬季、春季雾日数减少对年雾日数减少的影响大，而奉贤则是夏、秋季雾日数减少对年雾日数减少的影响大。计算两地四季雾日数占全年雾日数比例显示，徐家汇冬季雾日数比例呈逐年增加，其他三季雾日数比重均呈减少趋势，奉贤为冬季、春季雾日数比重增加，夏季、秋季比重减少，这表明冬、春两季为上海地区雾主要发生季节，秋季次之，夏季最少。

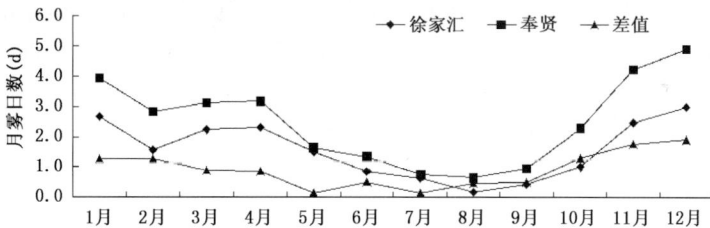

图 2　1980—2013 年徐家汇、奉贤平均月雾日数月际变化

（3）雾日数的年代际变化

计算 1980—2013 年徐家汇、奉贤的年、月雾日数各年代平均值列于表 1，徐家汇年雾日数随年代呈快速减少趋势，21 世纪 10 年代雾鲜有出现，年雾日数的年代平均仅 2.8d，远低于 1980—2013 年（34a）平均值；奉贤年雾日数在 20 世纪 90 年代出现增加，之后随年代呈减少趋势；徐家汇、奉贤在 20 世纪 80 年代年雾日数接近，其余各年代雾日数差值均超过 13d。随着城镇化进程加速，徐家汇城市环境变化对局地小气候影响加剧，而一般认为，城市热岛效应的增强造成气温明显升高、不利于水汽的凝结，对城市大雾的形成和发展不利[3]。从徐家汇、奉贤各月雾日数年代际变化可看出，两地月、季雾日数随年代大多呈减少的变化趋势，特别是徐家汇雾日数随年代减少的趋势更为明显，奉贤 2 月雾日数随年代呈增加趋势，且 21 世纪 10 年代雾日数增多至 20 世纪 80 年代的 2 倍，与奉贤年雾日数随年代呈减少的变化趋势相反，奉贤春季（3—4 月）、深秋（11 月）雾日数随年代变化不明显。

表 1　1980—2013 年徐家汇、奉贤各月及年雾日数年代平均值(单位:d)

	年代	1月	2月	3月	4月	5月	6月	7月	8月	9月	10月	11月	12月	年
徐家汇	20 世纪 80 年代	4.0	1.8	3.4	4.2	2.8	3.4	1.8	1.0	2.2	2.2	3.4	4.5	30.0
	20 世纪 90 年代	3.9	2.3	3.2	2.8	2.1	1.2	1.0	0.0	1.0	1.8	3.9	4.9	22.5
	21 世纪 00 年代	2.4	2.3	1.5	2.5	2.0	2.5	0.0	2.0	0.0	1.5	1.9	1.9	10.5
	21 世纪 10 年代	1.0	1.5	1.0	1.0	0.0	1.0	0.0	0.0	0.0	0.0	1.0	1.5	2.8
奉贤	20 世纪 80 年代	4.4	2.4	2.7	3.1	2.5	2.3	2.2	1.4	1.8	3.4	4.2	4.6	30.6
	20 世纪 90 年代	4.8	3.0	4.2	4.4	1.7	3.5	4.0	1.7	3.6	5.5	7.1	5.5	36.2
	21 世纪 00 年代	3.7	3.7	3.1	3.0	3.0	2.0	2.0	2.0	1.4	1.8	4.0	4.1	27.1
	21 世纪 10 年代	3.0	5.3	3.0	3.0	1.5	1.0	0.0	0.0	0.0	1.7	5.5	3.0	19.0

2.2　霾日数变化特征

(1)霾日数的年变化

徐家汇、奉贤 1980—2013 年 34a 平均的年霾日数(以下简称平均年霾日数)分别为 81.6 d,16.8 d,徐家汇年霾日数最多、最少分别为 234 d,24 d,出现在 2003 年、2010 年;奉贤年霾日数最多、最少分别为 57 d,1 d,出现在 2013 年、1980 年。34a 间,徐家汇年霾日数在 1986—1988 年、2000—2003 年出现两次短暂的突增过程,其余各年呈小幅波动变化,总体呈现"多—少—多—少"弱减少变化趋势;奉贤在 1997 年之前的 18a 间,除 1983—1985 年外年霾日数均<10d,1998 年开始年霾日数增多,2002 年以来年霾日数均大于 16.8 d(34a 均值);34a 间奉贤年霾日数以 11.7d/10a 呈显著增加趋势(r=0.78,达极显著水平)。由图 3 可知,两地在 21 世纪前期均出现一个突增过程,奉贤出现时间比徐家汇晚 2a;2007 年以前徐家汇年霾日数明显多于奉贤(偏多 25~207 d,平均 78.1 d),但 2008 年开始年霾日数徐家汇与奉贤比较接近,个别年份(2009 年、2012 年)徐家汇反而少于奉贤。

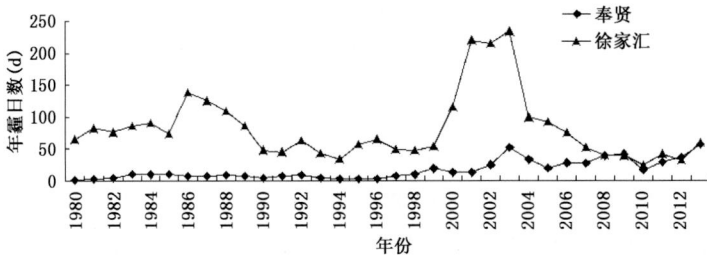

图 3　1980—2013 年徐家汇、奉贤年霾日数的年际变化

(2)霾日数的月、季变化

统计分析徐家汇、奉贤 1980—2013 年各月 34a 平均的霾日数(以下简称平均月霾日数)显示(图 4),平均月霾日数均是徐家汇多于奉贤,徐家汇、奉贤平均月霾日数最多月份均为 12 月,分别为 12.9 d,3.7 d,占平均年霾日数的 15.8%,22.1%;最少月份分别为 8 月、9 月,平均月霾日数为 2.9 d,0.3 d,仅占平均年霾日数的 3.6%,1.6%。徐家汇平均月霾日数除 8 月为 2.9 d 外,均超过 3 d,而奉贤仅 12 月的平均月霾日数超过 3 d;两地 8

月平均月霾日数最接近,相差 2.5 d,12 月平均月霾日数相差最大,为 9.1 d。徐家汇、奉贤均以盛夏至秋初(7—9 月)霾发生概率低,深秋至隆冬(11 月—次年 1 月)霾发生概率最高;两地平均月霾日数在冬末至春季(2—5 月)变动不大,夏季(6—9 月)呈逐月减少。

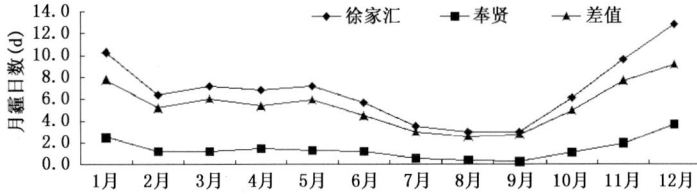

图 4　1980—2013 年徐家汇、奉贤平均月霾日数月际变化

(3) 霾日数的年代际变化

计算 1980—2013 年徐家汇、奉贤的年、月霾日数各年代平均值列于表 2。由表 2 可见,两地霾日数年代际变化存在明显差异,徐家汇霾日数年代际变化呈大幅波动,21 世纪 10 年代霾日数最少;奉贤 20 世纪 90 年代略减少,总体呈逐年代增多的变化趋势。两地在 21 世纪 00 年代均出现霾日数突增过程,与 20 世纪 90 年代相比,徐家汇、奉贤霾日数分别大幅增多 70.7 d,20.7 d,21 世纪 10 年代徐家汇霾日数大幅减少,奉贤霾日数略有增加,其两地霾日数出现接近趋向(徐家汇与奉贤霾日数之差值由 21 世纪 00 年代最多的 87.1 d 减少至 10 年代最少的 2.6 d)。徐家汇 20 世纪 90 年代霾日数减少主要受春、冬季霾日数大幅减少影响所致,21 世纪 10 年代霾日数减少是各月霾日数减少的叠加效应引起。奉贤 20 世纪 90 年代出现春夏季减少、秋季增多趋势,冬季持平;21 世纪 00 年代各月霾日数均出现增多趋势,夏季增幅最小;21 世纪 10 年代除 1、5、11、12 月出现持续增多趋势外均呈现减少趋势,但年霾日数仍呈略增多趋势。

表 2　1980—2013 年徐家汇、奉贤年、月霾日数年代平均值(单位:d)

	年代	1 月	2 月	3 月	4 月	5 月	6 月	7 月	8 月	9 月	10 月	11 月	12 月	年
徐家汇	20 世纪 80 年代	13.1	8.3	9.2	6.8	7.8	5.0	1.9	4.0	3.9	5.5	11.1	18.3	94.9
	20 世纪 90 年代	7.0	3.9	4.0	3.4	4.3	3.3	1.6	1.7	1.6	5.7	7.5	9.2	53.2
	21 世纪 00 年代	12.5	9.2	10.7	11.9	11.0	9.7	9.8	6.0	6.6	9.5	13.3	13.6	123.9
	21 世纪 10 年代	5.8	5.3	2.3	3.7	4.3	3.0	2.0	2.0	1.5	2.8	5.3	6.5	42.3
奉贤	20 世纪 80 年代	2.2	1.2	2.0	2.0	1.7	1.0	0.0	1.5	0.0	1.3	1.5	2.6	17.0
	20 世纪 90 年代	1.8	1.0	1.0	1.0	1.0	1.0	1.5	1.0	1.0	1.8	1.9	2.2	16.1
	21 世纪 00 年代	3.9	3.1	3.3	4.0	2.4	3.4	2.2	1.8	1.2	3.0	3.0	5.5	36.8
	21 世纪 10 年代	7.0	2.7	2.7	3.3	3.5	2.5	1.5	1.0	1.0	2.0	5.0	7.5	39.7

2.3　雾、霾日数相关性和周期变化分析

1980—2013 年徐家汇、奉贤年平均雾、霾日数分别为 100.5 d,46.7 d。以 2008 年为界限,2008 年之前雾、霾日数徐家汇多于奉贤,尤其是 20 世纪 80 年代后期、21 世纪 00 年代前期最为明显,2008 年以后奉贤雾霾日数开始超过徐家汇。由图 5 可见,奉贤年雾霾日数变化曲线较为平稳,用线性方程表示为:$y = 0.7746x + 33.091$(y 为年雾霾日数,x 为年份序数,如 1980 年取值 1,1981 年取值 2,……,余类推,下同),其相关系数 $r = 0.58$,达

到显著性增加趋势;而徐家汇年雾、霾日数变化幅度大,用线性方程表示为:$y=-1.451x+125.8$,其相关系数 $r=0.26$,总体呈不显著的弱减少趋势。对徐家汇、奉贤的雾日数与霾日数之间分别计算直线相关,徐家汇为 0.17,奉贤为 -0.49(达显著性水平),这表明奉贤雾与霾日数呈明显的反相位变化关系,且雾、霾日数呈增多的变化趋势,奉贤雾、霾日数的气候倾向率为 7.7 d/10a,与徐家汇雾、霾日数呈弱减少趋势存在差异。通过分析雾、霾日数四季变化可知,徐家汇、奉贤两地雾、霾发生高峰均在深秋、冬季,这与该时期上海处在西北冷空气影响活跃期,容易从上游带来空气污染物,以及转受冷高压控制后,辐射降温、静稳天气增多,有利雾、霾形成有关。对奉贤 1980—2013 年的平均年雾、霾日数采用小波分析(图 6),发现奉贤从 20 世纪末开始年雾、霾日数呈现出以 5a 为周期的变化趋势。

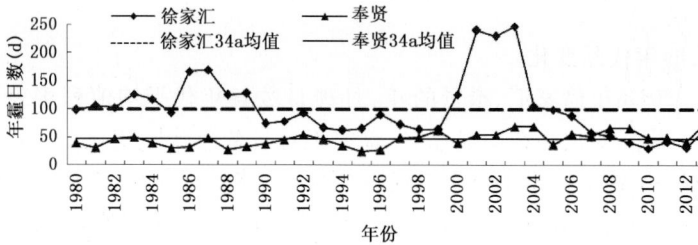

图 5　1980—2013 年徐家汇、奉贤平均年雾、霾日数的年际变化

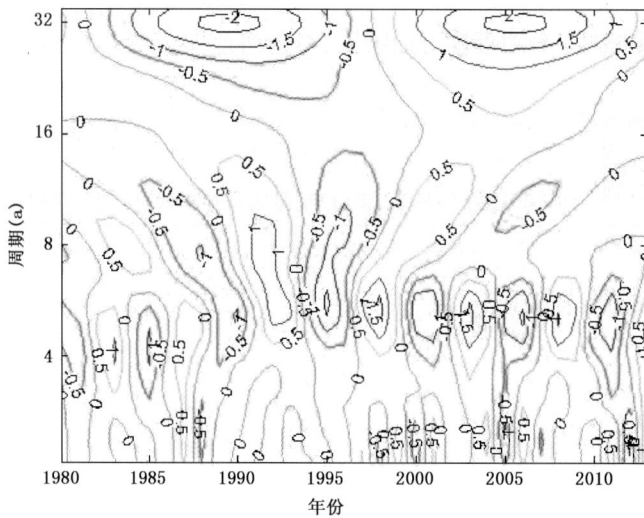

图 6　奉贤 1980—2013 年的平均年雾霾日数小波图

3　雾、霾日数变化原因分析

3.1　温度、湿度对雾、霾日数的影响

计算徐家汇、奉贤 1980—2013 年平均的年、月雾、霾日数与平均气温相关系数列于表 3,可以看出,温度对徐家汇、奉贤两地雾、霾日数的影响存在一些差异。年、月平均气温对徐家汇雾日数的影响除冬季(1—2 月)相关不明显外大多呈负相关,3 月、4 月、9 月和 5

月、7月、年平均气温分别达显著和极显著水平；奉贤气温对雾日数的影响则表现为在温度较高月份(4—10月)大多呈负相关，在温度较低月份(11月—次年3月)呈正相关，8月和2月、7月的温度分别达显著和极显著水平。奉贤年、月平均气温对霾日数的影响除1月外均呈正相关，5月、8月、9月和3月、4月、年平均气温分别达显著和极显著水平，徐家汇温度对霾日数影响除春季(3—4月)、夏季(6—7月)存在弱正相关外，其相关性大多不明显。表明在气候增暖背景下，徐家汇温度对雾日数影响的相关性高于对霾日数影响，奉贤温度对雾日数影响的相关性低于霾日数影响，尤其在深秋(11月)至早春(2月)随温度升高雾日数呈增多变化，这与前面分析得出的该时段雾日数年(代)际变化不明显或呈增多变化的结论是一致的。

表3　徐家汇、奉贤 1980—2013 年平均的年、月雾、霾日数与平均温度的相关系数

		1月	2月	3月	4月	5月	6月	7月	8月	9月	10月	11月	12月	年
徐家汇	雾	0.07	0.03	-0.39*	-0.36*	-0.70**	-0.24	-0.55**	-0.23	-0.41*	-0.22	-0.01	-0.20	-0.67**
	霾	-0.01	0.12	0.25	0.27	-0.09	0.30	0.22	-0.19	0.07	0.07	-0.07	-0.08	0.04
奉贤	雾	0.29	0.62**	0.06	-0.11	-0.17	0.04	-0.47**	-0.40*	-0.22	-0.14	0.30	0.25	-0.22
	霾	-0.08	0.26	0.56**	0.52**	0.34*	0.21	0.22	0.34*	0.33*	0.25	0.00	0.04	0.62**

注：* 为通过 $\alpha=0.05$ 的显著性水平检验，** 为通过 $\alpha=0.01$ 的显著性水平检验，下同。

表4为徐家汇、奉贤34a平均的年、月雾、霾日数与平均相对湿度的相关系数，可见其两地年平均相对湿度与雾、霾日数的相关性均达极显著水平，奉贤各月湿度与雾、霾日数大多呈显著或极显著正相关，徐家汇各月湿度与雾日数大多呈显著或极显著的正相关，与霾日数总体呈弱负相关。表明湿度对徐家汇、奉贤两地雾和霾日数的影响分别表现为正效应和负效应，雾日数随湿度增大而增多，霾日数随湿度增大而减少。

表4　徐家汇、奉贤 1980—2013 年平均的年、月雾、霾日数与平均相对湿度的相关系数

		1月	2月	3月	4月	5月	6月	7月	8月	9月	10月	11月	12月	年
徐家汇	雾	0.71**	0.50**	0.70**	0.67**	0.72**	0.40	0.55**	0.01	0.55**	0.44**	0.65**	0.45**	0.75**
	霾	-0.31	-0.19	-0.20	-0.05	0.04	-0.47**	-0.20	0.11	-0.09	-0.22	-0.35*	-0.08	-0.63**
奉贤	雾	0.56**	0.44**	0.28	0.40*	0.37*	0.22	0.41*	0.26	0.51**	0.47**	0.55**	0.49**	0.58**
	霾	-0.35*	0.04	-0.41*	-0.70**	-0.41*	-0.31	-0.35*	-0.52**	-0.25	-0.34*	-0.25	-0.10	-0.67**

通过数据分析，徐家汇、奉贤气候上呈温度上升、湿度下降趋势，不利于雾的形成，但有利霾的形成，造成两地出现雾日数减少，而霾日数增多的变化趋势。王丽萍等[4]发现，1961—2003年中国地区大雾日数偏少(多)与气温偏高(低)、相对湿度偏小(大)存在一定的对应关系；周月华等[5]通过武汉年平均气温与雾日的小波变换分析，认为雾日数变化与气温变化具有相反的年代际气候特征，增暖背景下武汉地区雾日是减少的。另外，地面风速、风向、逆温层高度等变化也都会影响到雾和霾的形成。

3.2　大气污染对雾、霾日数的影响

空气中悬浮的气溶胶颗粒物对光具有吸收和散射作用，颗粒物的增加会导致大气透明度即能见度降低。而气溶胶颗粒物主要来自大气污染物的排放及二次转化，因此，雾、霾日数的变化与空气环境污染程度的变化有密切关系。通过对2000—2013年徐家汇雾、霾日数与作为大气污染首要污染源的可吸入颗粒物(PM_{10})浓度之间作相关分析(图7)，得到雾、霾日数与 PM_{10} 浓度相关系数分别为 0.723，0.859，均通过 $\alpha=0.01$ 的显著性水平检验，说明随着大气中 PM_{10} 浓度下降，雾、霾日数也呈下降趋势，与施红等[6]发现能见

度与 PM$_{10}$ 浓度的指数值具有较好的线性关系一致。

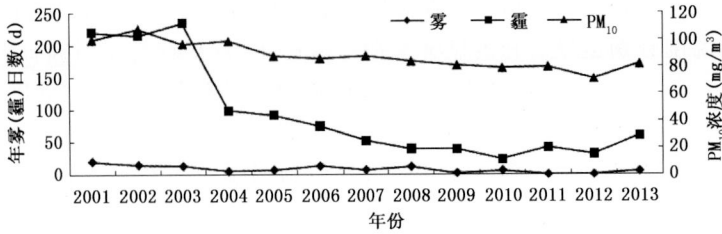

图 7　徐家汇 34a 平均的年雾、霾日数与大气 PM$_{10}$ 浓度的变化关系

3.3　城市及社会经济发展对雾、霾日数的影响

20 世纪 80 年代开始上海市迎来改革大发展,工业、服务业快速发展,城市用地迅速扩张,不仅土地利用结构发生了重大变化,也面临着土壤、水体、大气污染等一系列城市生态环境问题,城市热岛、浊岛、干岛等效应增强。但 21 世纪以来上海中心城市经济发展由工业为主要支柱产业转型为以服务业为主(图 8),例如,2013 年上海第三产业占 GDP 比例为 62.2%,比 2000 年高出 11.6%,比 2013 年第二产业比例高出 25.0%。奉贤第三产业在 21 世纪整体发展较为缓慢,第二产业始终占主导地位,且其所占比例还在上升,例如,2013 年第二产业、第三产业占 GDP 比例分别为 61.3% 和 35.9%,而 2000 年奉贤第二产业、第三产业占 GDP 比例分别为 57.5% 和 33.2%。上海 2000—2013 年第二产业、第三产业占比与霾日数的相关系数分别为 0.634,-0.661,表明一个地方的产业发展导向对霾日数增多或减少有一定的影响,与张恩红等[7]发现能见度的逐年降低与 GDP 增加、能源消耗呈负相关的结论一致。

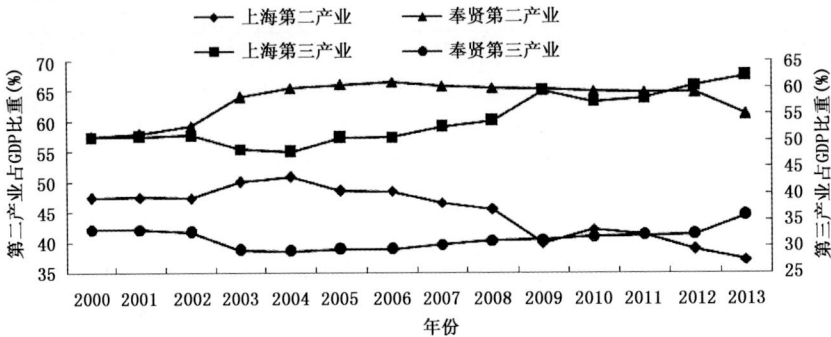

图 8　上海市、奉贤区 GDP 中第二产业、第三产业占比的历年变化(单位:%)

4　结论

(1)1980—2013 年徐家汇、奉贤的平均年雾日数分别为 18.9 d,29.9 d,徐家汇、奉贤年雾日数分别以 -9.9d/10a,-3.9d/10a 减少。两地平均月雾日数分布均呈双峰特征,且各月雾日数均大多呈逐年代减少趋势,但奉贤 2 月雾日数出现随年代增多趋势。两地冬、春季雾发生概率高,但徐家汇冬、春季雾日数大幅减少,奉贤为夏、秋季(10 月)减少幅

度大。

(2)1980—2013 年徐家汇、奉贤平均年霾日数分别为 81.6 d,16.8 d,徐家汇呈"多→少→多→少"大幅波动型弱减少趋势,奉贤年霾日数以 11.7 d/10a 呈显著增加趋势。两地以盛夏至夏末秋初霾发生概率最低,深秋至隆冬霾发生概率最高。奉贤霾日数 2007 年之前明显少于徐家汇,之后逐渐接近甚至多于徐家汇。徐家汇霾日数在 1986—1988 年、2000—2003 年出现短暂的突增过程,奉贤也同样出现突增但其幅度远远小于徐家汇的变化幅度。

(3)1980—2013 年徐家汇、奉贤平均年雾、霾总日数分别为 100.5 d,46.7 d。奉贤雾日数与霾日数呈明显的反相位变化关系,且雾、霾总日数呈增多的变化趋势,与徐家汇雾、霾总日数呈弱减少趋势存在差异。与霾日数变化特征类似,奉贤雾、霾总日数从 2008 年开始超过徐家汇。两地均在秋末、冬季处于雾、霾高发期。奉贤年雾、霾总日数从 20 世纪末开始呈现出 5a 变化周期。

(4)影响雾、霾日数的诸因子中,温度与两地雾日数的相关性大多呈负相关,但与奉贤霾日数呈正相关,与徐家汇霾日数相关不明显。两地雾、霾日数随湿度增大分别呈增多和减少的变化趋势。大气污染程度(如 PM_{10} 浓度)与雾、霾日数密切相关,且城市经济发展速度及产业导向特别是第二、第三产业所占 DGP 比例的变化对雾、霾日数变化产生一定的影响。

参考文献

[1] 顾品强. 上海市奉贤区近 50 年四季初终期变化特征分析[J]. 大气科学研究与应用,2008(2):106-112.

[2] 史军,崔林丽,贺千山,等. 华东雾和霾日数的变化特征及成因分析[J]. 地理学报,2010,**65**(5):533-542.

[3] 刘小宁,张洪政,李庆祥,等. 我国大雾的气候特征及变化初步解释[J]. 气象应用学报,2005,**16**(4):220-230.

[4] 王丽萍,陈少勇,董安祥. 气候变化对中国大雾的影响[J]. 地理学报,2006,**61**(5):527-536.

[5] 周月华,王海军,吴义城. 增暖背景下武汉地区雾的变化特征[J]. 气象科技,2005,**33**(6):509-512.

[6] 施红,陈敏,韩晶晶. 上海地区大气能见度变化规律与影响因子分析[J]. 大气科学研究与应用,2008(2):1-8.

[7] 张恩红,朱彬,曹云昌,等. 长江三角洲地区近 30 年非雾天能见度特征分析[J]. 气象,2012,**38**(8):943-949.

Change Feature of Haze Days between Xujiahui and Fengxian in Shanghai

XU Xiangming[1]　　*GU Pinqiang*[1]　　*LI Cong*[2]

(1 *Fengxian District Meteorological Office*, *Shanghai*　201416;
2 *Shanghai Meteorological Center*, *Shanghai*　200030)

Abstract

　　Fog and haze observation data during 1980 to 2013 in Xujiahui and Fengxian, the change characteristics and influencing factors of those fog and haze day numbers were analyzed. The results show that: the annual fog days in Xujiahui and Fengxian are 18.9d and 29.9d respectively, annual haze days are 81.6d and 16.8d respectively. Annual fog days in Xujiahui and Fengxian have a gradually decreasing trend, and haze days in Xujiahui have a "more→less →more →less" variation and weak decreasing trend, Fengxian annual haze days show a significant increasing trend of 11.7d/10a. Both in winter and spring, the fog occurrence probability is high, and the autumn and winter haze (November to January) had the highest probability. A reverse phase change obviously occurred in Fengxian fog and haze days, and haze days showed an increased trend, and Xujiahui haze days showed a weakly decreasing trend. Fengxian annual haze days since the late Twentieth Century have a 5 year periodic variation. The temperature factor, and Xujiahui, Fengxian fog days are inversely correlated, but the correlation with the Fengxian haze days was positively, and Xujiahui haze days were not closely related to. Humidity factors in relation to fog days in Xujiahui, Fengxian and haze days mostly have significantly positive correlation and negative correlation. Air pollution and smog days are closely related, and regional economic development also has influence to haze day number.

近 10 年上海城市热岛效应时空变化特征

徐 伟[1] 朱 超[1] 杨晓月[1] 董 超[2]

(1 上海市金山区气象局 上海 201508；2 上海市气象局 上海 200030)

提 要

本文利用 2005—2013 年上海地区 10 个测站分钟级气温数据,通过相关性分析、Morlet 小波分析、Mann-Kendall 趋势检验等方法,对上海城市热岛效应时空变化特征进行分析,发现:近 10a 来,上海城市热岛效应明显,但整体上呈减弱趋势。时间上,上海城市热岛效应具有周变化、旬变化、半月变化、月变化、季变化和半年变化的周期性变化特征;空间上,年平均气温高值区位于上海中部,其次是西部,而东南部相对较低,这与海洋对沿海气温的调节有关。上海近 10a 来平均气温呈下降趋势,降温率由东南向西北依次存在小、大、小 3 个中心,城区热岛地带降温率偏大,可能与沿海站受海洋影响降温率偏小有关。结果表明,气候降温是导致近 10a 来上海城市热岛效应减弱的主因。

关键词 城市热岛 特征分析 热岛强度 趋势变化

0 引 言

上海是我国东部沿海气候变化的指标站,属于沿海城市热岛效应研究的典型城市,具有重要的研究意义。侯依玲等[1]利用上海 11 个气象观测站逐日平均数据进行研究,发现上海地区城市热岛效应非常显著,并且范围不断扩大,中心城市高温热浪事件频发,同时空气水汽含量却呈下降趋势,非热岛区中空气水汽含量下降更明显。邓莲堂等[2]利用城郊两站 30 min 数据,分析发现热岛强度日变化明显,存在 24 h 的主周期和 12 h 的次周期,一般夜间热岛强于白天,并且季节性变化较显著,日内热岛中心存在位置漂移现象。辛跳儿等[3]利用上海 11 个气象观测站逐时气温数据分析城郊气温的变化规律,发现城郊气温差空间分布存在明显季节性差异、城郊气温差日变化存在一定规律,并对比了不同城郊下垫面类型与地理位置对城郊气温差变化的影响。

先前的研究普遍都建立在气候增暖的大背景下,然而近 10a 来长江三角洲地区气温有走低趋势[4],那么在局地气候变冷的趋势下,城市热岛效应会发生怎样的变化? 这是本文想要揭示的,也就是在该种气候背景变化控制下城市热岛效应所具有的变化特征。

作者简介:徐伟(1986—),男,上海青浦人,助理工程师,主要从事地面测报服务与气候动力研究;
　　　　　E-mail:ovenxuwei@163.com。

1 数据与方法

1.1 数据

本文采用上海地区 10 个气象观测站(图 1)2005—2013 年分钟级气温数据,经业务规定数据质量控制,准确无误。各测站的海拔高度相近,直线距离不超过 50 km,徐家汇站与各站年平均气温相关系数(2005—2013 年)均通过了 $\alpha=0.001$ 的显著性水平检验(表1),具有良好的一致性,因此所选资料能够准确反映上海气温特征。

表 1 上海 10 个测站海拔高度及徐家汇站与各站年平均气温的相关系数

站名	徐家汇	闵行	宝山	嘉定	南汇	浦东	金山	青浦	松江	奉贤
海拔高度(m)	4.6	5.5	5.5	4.4	5.0	4.4	5.2	4.0	4.2	4.6
相关系数	1	0.98	0.98	0.94	0.96	0.99	0.94	0.99	0.99	0.92

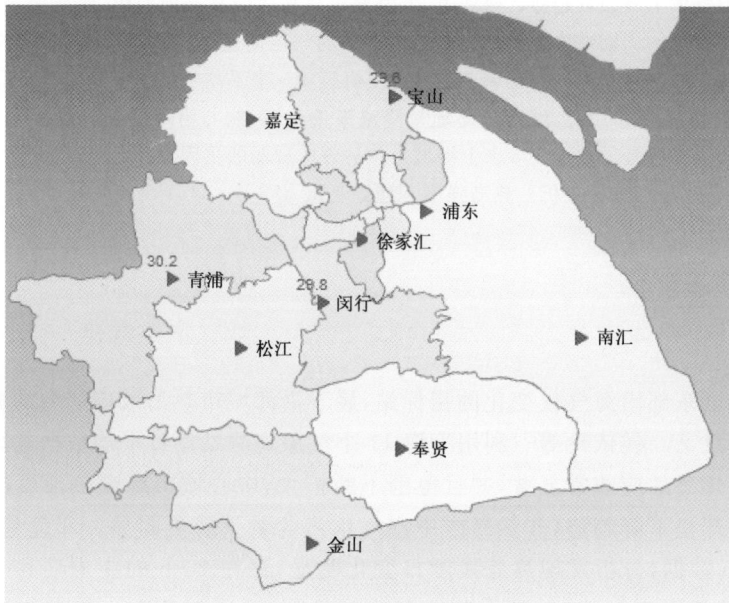

图 1 上海 10 个测站分布位置

1.2 方法与定义

定义徐家汇站为城市站,其余 9 个站为郊区站,用徐家汇站气温减去其余 9 个郊区站的气温平均值后的差值代表城市热岛强度。同时以徐家汇站气温减去某郊区站气温的差值代表相对该郊区站的热岛强度。

沿海站:邻近海洋的郊区站(宝山站、金山站)。

内陆站与外陆站:除沿海站外以徐家汇站为分界点,徐家汇站以东测站为外陆站(南汇站、浦东站、奉贤站),徐家汇站以西为内陆站(嘉定站、青浦站、松江站、闵行站)。

2 城市热岛的时间分布特征

近10a来,上海市城市热岛效应明显,2005年最强,年平均热岛强度达0.8℃,2010年最弱,年平均热岛强度为0.6℃。整体上城市热岛强度效应呈减弱的趋势,递减率为−0.2℃/10a,其中2008年前减弱趋势明显,2008年后进入平稳振荡。为进一步确定城市热岛强度变化趋势,把城区中心地带附近闵行、徐家汇、宝山、浦东4站气温的平均值减去其他郊区站气温的平均值得到城市热岛强度(即图2中的城市热岛强度2),可见同样表现为城市热岛强度减弱的趋势。上海年平均气温也是从2008年开始有所降低,气候背景场变化很可能是导致城市热岛效应的年变化差异的主因。在这种气候背景场下,我们想知道上海城市热岛存在哪些特征呢?

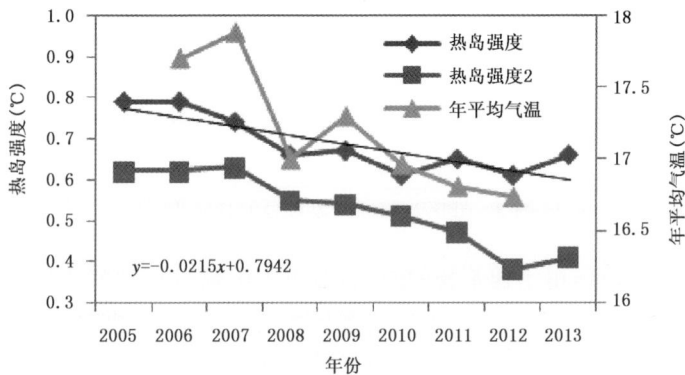

图2 上海城市热岛强度和年平均气温年际变化

2.1 城市热岛的日分布特征

图3为徐家汇站气温与上海各区县站气温差值的小时平均值。从日变化曲线上反映出热岛效应的一些共性:热岛强度夜间普遍强于白天,且夜间变化平稳,而白天波动强烈,曲线呈"w"型和"v"型,在早晨08时和午后16时左右热岛强度易减弱。分析各条曲线变化,可以分为4种类型:第1类属于后波谷大于前波谷"w"型,以嘉定、青浦和松江3个内陆站为代表,表现为白天热岛强度极大值低于夜间热岛强度值,两个热岛强度较小时段存在于08时和16时左右,热岛强度极小值出现在16时左右;第2类属于前波谷大于后波谷"w"型,以南汇、浦东和奉贤3个外陆站为代表,表现为白天热岛强度极大值≤夜间热岛强度值,两个热岛强度较小时段存在08时和16时左右,热岛强度极小值出现在08时左右;第3类属于标准"w"型,以闵行为代表,表现为白天热岛强度极大值低于夜间热岛强度值,白天08时和16时左右的两个热岛强度最小值相近;第4类属于"v"型,以宝山和金山两个沿海站为代表,表现为白天热岛强度极大值高于夜间热岛强度值,白天只出现一个热岛强度较小时段,热岛强度极小值出现在08时左右。

夜间城区因下垫面温度高,白天积蓄的热量多,地面长波辐射和湍流显热提供给城区大气的热量较多,因此城区气温下降缓慢,相对于快速降温的郊区大气来说,形成夜间的城市热岛。白天08时区县站的升温率大于徐家汇站,而形成图3中的波谷,主要原因是:

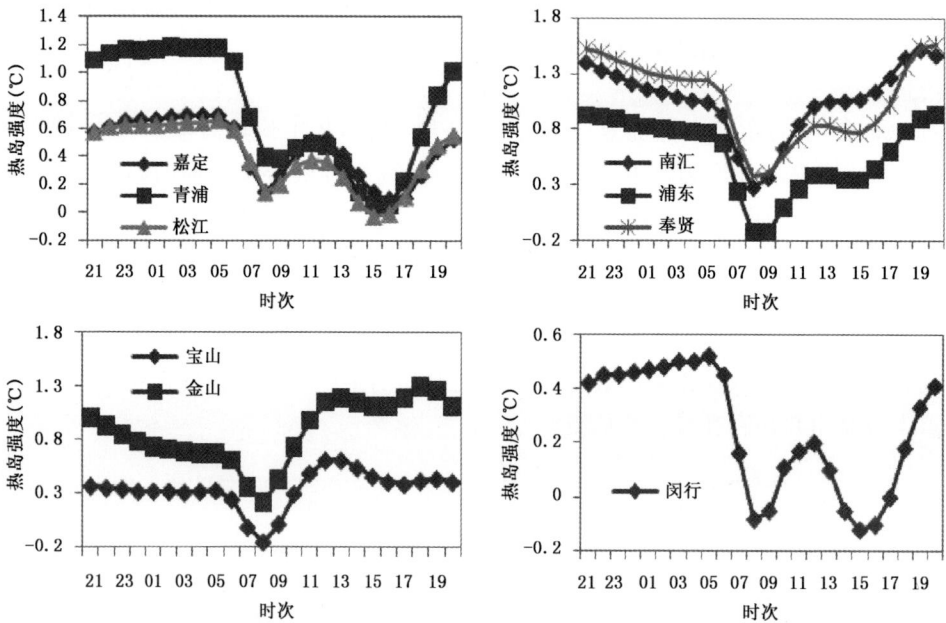

图3　城区与郊区气温差异的日变化

（1）早晨太阳高度角较低，由于建筑物的阻挡，城市太阳辐射相对郊区较弱；（2）城市空气中悬浮颗粒物比郊区较多，能到达的辐射比郊区较弱[2]。由于这两个原因使该时段徐家汇站的辐射量比郊区站少得多，从而导致两者温差迅速减小。也是由于类似原因，傍晚日落时徐家汇站的辐射量较少，导致16时左右徐家汇站的降温率大于区县站，形成第2个波谷。各站经度的差异是造成温差曲线前后波谷差异的原因[5]。外陆站位置较徐家汇站偏东，日出时可以第一时间获得辐射量，并且城市高起的下垫面也不利于城市站点与西面站获得辐射量，故外陆站日出时获得的辐射量较多，升温率较大，故使得外陆站温差曲线的前波谷较大；同样道理，日落时获得的辐射量较少，降温率较大，故使得温差曲线的后波谷较小。相反，内陆站位置较徐家汇站偏西，日出时获得辐射量较少，日落时获得辐射量较多，进而导致前波谷小后波谷大。闵行站由于与徐家汇站经度较接近，故而前后波谷差异较小。

　　沿海站温差曲线区别于非沿海站的特点：08时左右波谷明显，白天12—13时左右存在热岛强度日极大值。受海陆风的影响[6,7]，早晨陆风减小，逐步转为海风，午后时分海风达到最强，海洋上的冷空气抑制太阳辐射对沿海站的升温作用，从而使得徐家汇站与沿海站气温差达到日最大。日落时候，沿海站海洋上冷空气的降温作用抵消沿海站获得太阳辐射的升温作用后的降温率与徐家汇站相当，形成平稳的温差曲线。

2.2　城市热岛的周分布特征

　　图4为周内徐家汇站气温与上海各区县站气温差日平均的距平值变化。虽然周距平值变化并不大，表示城市热岛效应周变化差异不是特别明显，但还是能看到周末热岛强度相对工作日热岛强度要偏低，表现为距平值为负数，并且周三热岛强度最强，周日热岛强度最弱。热岛强度周变化主要是受人为热因素的影响，周末对大气的污染物排放量和人

为热的排放量都较工作日有所减少,从而导致周末热岛强度相对工作日热岛强度要偏低。但上海工厂休息日并不固定在星期日,故周末和工作日的热排放量差异不足以使得两者的城市热岛值有明显的差异。

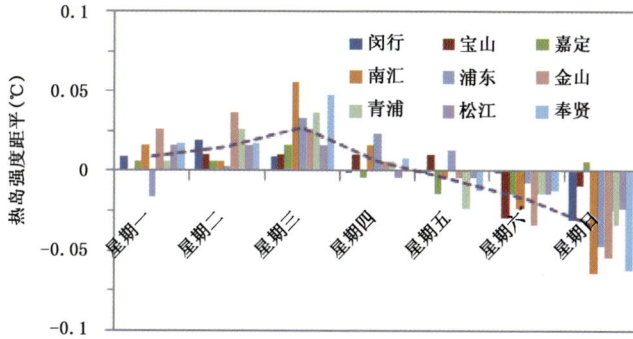

图 4　城区与郊区气温差异的周变化

2.3　城市热岛的月分布特征

图 5 为月内徐家汇站气温与上海各区县站气温差日平均的距平值变化。图上可以看出存在明显的月内振荡。上、下旬气温差平均为正,中旬气温差平均值为负,变化范围在±0.1℃以内,说明上、下旬的热岛效应较明显,中旬相反,冷岛效应较明显。通过小波分析(图略)可知,存在明显 20 d 和 7 d 的振荡周期;上旬存在 4 d 振荡周期,中旬存在 5 d 振荡周期,下旬存在 3 d 振荡周期。20 d 振荡周期对应城市热岛的旬变化,7 d 振荡周期对应城市热岛的周变化。

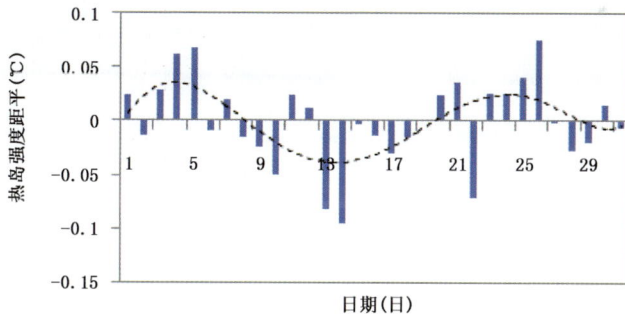

图 5　上海城市热岛强度的月变化

2.4　城市热岛的季节分布特征

图 6 为日平均热岛强度季节分布。热岛强度季节特征为春、秋相当,夏季次之,冬季最弱。全年日平均热岛强度值最大为 2.5℃,出现在春季;最小为 -0.8℃,出现在冬季。

这种变化与云量、降水和风速的关系十分密切[8]。上海云量冬季最多,其次是秋季,春、夏季偏少;降水量夏季最多,春季次之,秋季和冬季偏少。冬季云量多,减少地面辐射的吸收,从日照情况也能反映出来[9],升温不显著,又因为偏北风风力较大的缘故,使得城、郊之间混合作用加强,气温差异就减少。春季和夏季的云量都偏少,但是夏季的降水量较多,大气层结较不稳定,使城、郊之间混合作用加强,从而减少两者气温差异。秋季云少雨少,夜间郊区经常出现逆温,城、郊降温率差异比较显著,故导致城市热岛比较显著。

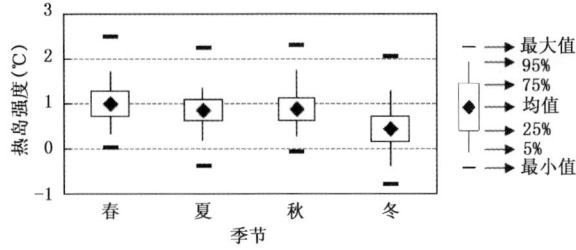

图6　上海城市热岛强度的季节变化

对年内日平均热岛强度做小波分析(图7),结果表明,存在180d,105d,30d,15d,7d的振荡周期,对应半年、季节、月、半月、周的振荡,再次证实上海热岛效应具有周变化、半月变化、月变化、季变化和半年变化的周期性变化特征。

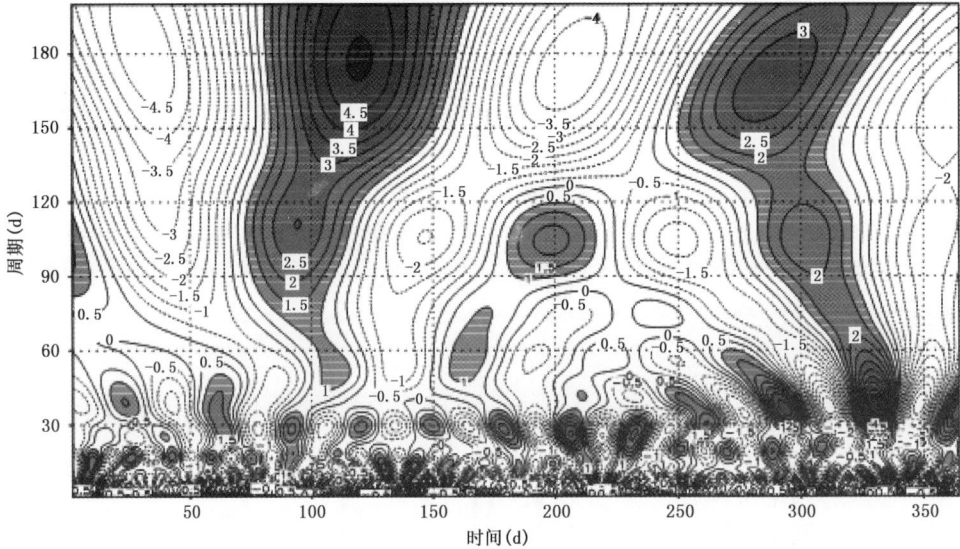

图7　上海城市热岛强度日平均值标准化距平的Morlet小波实部分析

3　城市热岛的空间分布特征

采用反距离权重插值法将各台站年平均气温和年平均气温变化幅度(即Kendall倾斜度β值)进行内插,得到空间分布情况,并用上海地区边界提取出上海地区气温的年变化趋势空间分布图。

图8a为上海地区年平均气温等值线图,可以看出,上海以徐家汇为中心的城区地带存在一个明显的闭合椭圆形的热岛区域,最高年平均气温达17.8℃,其次是西部气温,东南部年平均气温相对较低,最低年平均气温为16.7℃(与最高年平均气温相差1.1℃),这与海洋对气温的调节有关。

图8b为上海地区年平均气温Kendall倾斜度等值线图,可以看到所有台站的年平均

气温 Kendall 倾斜度均为负值,说明上海近 10a 来平均气温呈下降趋势。从整体来看,由东南向西北依次存在高—低—高 3 个中心,市区西南侧的闵行站出现倾斜度最小值为 −1.0/10a,并且城市热岛区也处于倾斜度相对较小的区域,北部的嘉定站和南部的金山站、奉贤站倾斜度相对较大,最大值为 −0.1/10a,出现在奉贤站,后者可能与海气对沿海气温的调节有关。

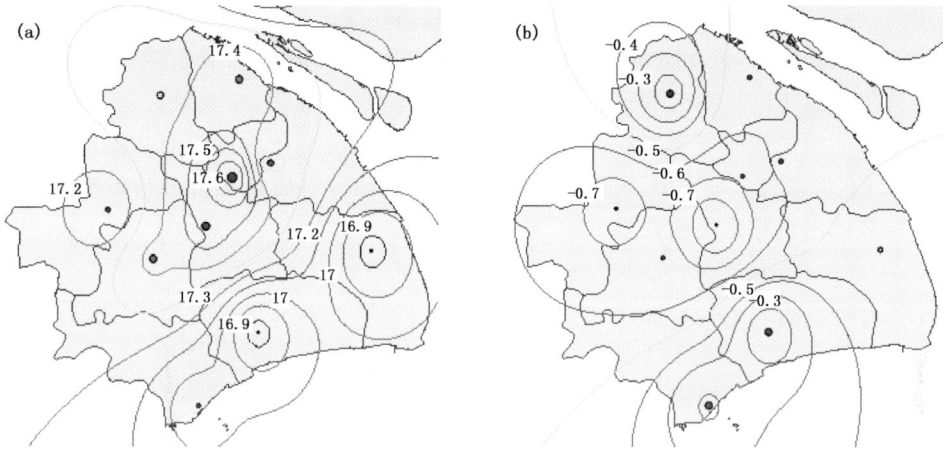

图 8　上海地区年平均气温(a)等值线图(℃)与(b)Kendall 倾斜度等值线图(℃/10a)

4　城市热岛减弱的可能原因

有两种可能原因,为城市化作用和气候影响。

由于人口与城市发展程度、人为热量的排放等有密切关系,可知人口与导致城市热岛主要因素有密切关系。城市化程度的高低可用城市人口数的多少来表示[8],从图 9 可以看到,近 10a 城市人口以 730.33 万/10a 的速度增长,城市化的程度越来越高,并且各区县人口也呈递增趋势(图略)。一种原因是城市发展形态的转变,即主城区发展形态向辐散型发展形态的转变,即郊区逐步城市化后使得郊区气温有所上升,于是缩小城郊之间的

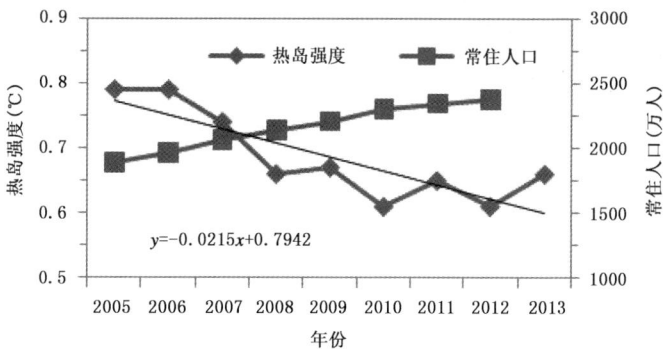

图 9　上海城市热岛强度和常住人口年分布

(资料来源:常住人口见历年《上海统计年鉴》)

气温差,导致城市热岛强度减弱。于是,计算 2005—2013 年各区县站所在区的常住人口数增长率与其气温年变化率的相关系数为－0.26,郊区的人口增长并没有对气温增长产生作用或者产生很微弱的作用,至少从数据上没有表现出来,如果有作用也是由更大影响因素所掩盖,那就是第 2 种原因,即气候的影响。

　　假设没有年变温情况下,随着城区城市化发展,城区的下垫面城市化加剧,对热量的储存增强,城市热岛效应将有所加强,这与实际结果相反。气候上气温的降低导致城市的年降温速度大于郊区,进而造成上海城市热岛效应从 2008 年开始有所减弱。那么,为什么城区的年降温速度反而会快呢?这与气候形势场、影响系统、海气效应等有关,尤其可以猜测沿海气温受到海气作用的影响非常大,以至于气温变化强度没有内陆测站来得强烈[10],所以在降温的气候背景下沿海站的气温相对较高,对城市热岛效应的减弱起到一定贡献。具体内在联系还需要进一步研究分析。

5　小　结

　　(1)近 10a 来,上海城市热岛效应明显,整体上呈递减趋势,递减率为－0.2℃/10a。

　　(2)上海城市热岛强度夜间普遍高于白天,且夜间变化平稳,而白天波动强烈,曲线呈"w"型和"v"型,在白天 08 时和 16 时前后热岛强度易减弱。按各站经度造成温差曲线前后波谷差异可分为 4 种类型。沿海站气温受海气影响是造成城市热岛强度日变化差异明显的原因。

　　(3)上海城市热岛存在周效应,周三热岛强度最强,周日热岛强度最弱。

　　(4)上海城市热岛存在月变化,上、下旬的热岛效应较明显,中旬相反,冷岛效应较明显。月内存在明显 20 d 和 7 d 的振荡周期;上旬存在 4 d 振荡周期,中旬存在 5 d 振荡周期,下旬存在 3 d 振荡周期。

　　(5)上海城市热岛强度季节特征为:春、秋相当,夏季次之,冬季最弱。年内存在 180 d,105 d,30 d,15 d,7 d 振荡周期,具有周变化、半月变化、月变化、季变化和半年变化的周期性变化特征。

　　(6)上海城市热岛中心空间分布明显,从年平均气温场来看,气温高值区在中间,其次是西部,东南部年平均气温相对较低,这与海洋对气温的调节有关;从年平均气温 Kendall 倾斜度场来看,上海近 10a 来平均气温呈下降趋势,空间上由东南向西北依次存在"高－低－高"3 个中心,城市热岛区处于倾斜度相对较小的区域,北部的嘉定站和南部的金山站、奉贤站倾斜度相对较大,后者可能与海洋对气温的调节有关。

参考文献

[1]　侯依玲,陈葆德,陈伯民,等. 上海城市化进程导致的局地气温变化特征[J].高原气象,2008,**27**:131-137.

[2]　邓莲堂,束炯,李朝颐. 上海城市热岛的变化特征分析[J].热带气象学报,2001,**17**(3):273-280.

[3]　辛跳儿,李军,贺千山,等. 上海地区城市和郊区气温差异特征分析[J].大气科学研究与应用,2009:10-17.

[4]　徐伟. 近 60 年长江三角洲人体舒适度指数变化特征初步研究[A]. 第 29 届中国气象学会年会－S3 聚焦气候变化,探索低碳未来论文集[C]. 2012:543-548.

[5]　贺芳芳,薛静,穆海振. 上海地区太阳总辐射及其时空分布特征[J]. 资源科技,32(4):693-700.

[6]　胡艳,李青青. 上海地区海陆风系统对局地环流的影响[A]. 第 27 届中国气象学会年会城市气象,让生活更美好分会场论文集[C]. 2010:763-771.

[7]　穆海振,俞永明,徐卫忠. 上海金山石化地区海陆风数值模拟与分析[A]. 中国气象学会 2006 年年会中尺度天气动力学、数值模拟和预测分会场论文集[C]. 2006:872-879.

[8]　周淑贞,束炯. 城市气候学[M]. 北京:气象出版社,1994:285-291.

[9]　靳利梅. 近 50 年上海地区日照时数的变化特征及影响因素[J]. 气象科技,40(2):293-298.

[10]　傅娜,陈葆德,谭燕,等. 上海自动站气温资料的空间质量控制与特征分析[J]. 大气科学学报,37(2):199-207.

Characteristics of Temporal and Spatial Variation of Urban Heat Island Effect in Shanghai in Recent 10 Years

XU Wei[1]　　*ZHU Chao*[1]　　*YANG Xiaoyue*[1]　　*DONG Chao*[2]

(1 *Jinshan Meteorological Office*, *Shanghai*　201508;
2 *Shanghai Meteorological Bureau*, *Shanghai*　200030)

Abstract

By using the Shanghai minute-temperature data at 10 stations during 2005 － 2013, through the correlation analysis, Morlet wavelet analysis, Mann-Kendall trend test and other methods, the features of heat island effect changes in Shanghai were analyzed. It is found that: in recent 10 years, the Shanghai urban heat island effect is obvious, but on the whole, a decreasing tendency occurred. In time domain, periodic variation characteristics of Shanghai urban heat island effect have the week changes, dekad change, half-month, monthly, seasonal and the semiannual variations; in space, the annual average temperature of high value area is located in the central, followed by the west, while the southeast is relatively low, and this is due to the air-sea regulation to coastal temperature. Shanghai in the past 10 years the average temperature decreased, the cooling rate from the southeast to the northwest were in turn the small, large, small centers, urban heat island area had cooling rate too large, this may be related to coastal stations by small air-sea effect of cooling rate. The results show that, the climate cooling is the main reason that leads to nearly 10 years of urban heat island effect in Shanghai decreased.

上海地区三种园林植物初花期与
季节转换之间的关系初探

孔春燕[1]　薛正平[2]　张　寅[1]

(1 上海市公共气象服务中心　上海　200030；2 上海市气候中心　上海　200030)

提　要

　　根据 2006—2012 年白玉兰、日本东京樱和 1990—2013 年早银桂花期资料和同期气象资料,分析了上述三种园林植物初花期与季节转换的关系。结果表明:白玉兰初花期与入春时间有先有后,东京樱花则一致地晚于入春,其原因是两者初花期要求的 5 d 滑动平均气温不同,白玉兰要求≥10℃,东京樱花要求达≥12℃;早银桂初花期平均比上海入秋日期早 11 d。这是因为在夏末秋初降温过程中,5 d 滑动平均气温在 22℃以上时就能满足早银桂初花条件,其临界气温高于入秋标准的缘故。

　　关键词　园林植物　初花期　季节转换

0　引　言

　　开花是园林植物最关键的物候,花期的早晚和长短及开花的质量直接影响到观赏效果。近几年上海各区纷纷举办桃花节、樱花节等,丰富了市民休闲活动内容。

　　"时令花"踏不上"时令"节拍的现象受到市民的广泛关注。气象上的四季转换有明确的规定。有市民会疑问:"时令花"为什么与气象上的季节转换并不总是合拍。本文探讨了"时令花"初花期与气象上的季节转换之间的关系。

　　影响园林植物花期早晚的气象因素众多。舒素芳等[1]分析了白玉兰始花期的主要气象影响因子为 2 月的雨日和日照。陈正洪等[2]研究了武汉大学樱花花期的变化特征与冬季气温变化有关。罗佳[3]分析了陕西杨凌日本樱花花期的变化与春温升高密切相关,姜纪红、李军、郝日明、王玉勤等[4-7]分别研究了杭州、苏州、南京、上海地区桂花花期与气象因子的关系。徐雨晴等[8]探讨了北京地区 1950—2000 年间 4 种树木开花期的变化及其对气温变化的响应情况。始花前 2～9 旬,特别是前 5 旬,气温对始花期影响最显著,即植物花期对气温变化的反应最敏感。薛正平等[9]分析了上海地区三种园林植物花期与气象条件的关系,认为白玉兰和东京樱花初花期早晚与冬季及初春的气温关系密切,气温高对应初花期较早,而早银桂初花期与最低气温的 5 d 滑动平均首日≤23℃及其前 10 d 的降

────────────────

资助项目:上海市气象局项目(MS201302)。

作者简介:孔春燕(1976-),女,上海人,高工,硕士,从事气候预测、气象服务业务科研;

　　E-mail:kongcy@climate.sh.cn。

水、相对湿度有关。关于花期早晚与四季转换(如入春、入秋)的关系,则尚未见报道。

　　本文通过上海地区三种园林植物白玉兰、东京樱花、早银桂初花期与本市入春、入秋日期的比较,分析探讨了三种园林植物初花期与春秋季节转换之间的关系。

1　资料来源

　　本文在选取白玉兰、东京樱花和早银桂三种园林植物为研究对象时,考虑以下 3 个原则:一是该园林植物与季节转换有一定的先后关系;二是市民关注度高,景观效果突出;三是花期观测地有较大范围的栽种,有适宜的树龄,观测环境比较稳定且有代表性,资料时间序列尽可能长。

　　白玉兰、东京樱花、早银桂初花期资料由上海市园林科学研究所提供,时间为 2006—2013 年,其中 1990—2005 年(缺 1994 年、2001 年、2004 年)早银桂资料来源于《文汇报》、《新民晚报》数字检索系统中有关上海植物园早银桂初花专题报道。观测对象位于 1978 年建园的上海植物园内,位于徐家汇气象站东南约 5 km 处,观测对象的树龄均在 20a 以上,观测对象稳定不变。对应的逐日气温等资料来自徐家汇气象站。

2　上海春、秋季节划分标准和特征

2.1.　上海入春的特点

　　季节转换是自然过渡不可能逆转的,通常要经历从量变到质变的过程。制定气候季节标准是为了表明已经进入某种稳定的气候态,出现反复的可能性极小。气温是气候季节变化的主要指标。所以,一般采用连续 5 d 的日平均气温来表征这种气候态的变化。张宝堃[10]最早研究了中国的气候季节,并提出以候(5 d)平均气温低于 10℃为冬季,高于22℃为夏季,10~22℃为春、秋过渡季,划出各地的四季。这一标准一直沿用至今。

　　上海入春的标准是指:立春后,出现连续 5 d 日平均气温≥10℃,则为入春,其首日为春季首日。

　　根据徐家汇站的季节资料分析,上海入春日 1990—2013 年平均日期为 3 月 15 日,其变化趋势为−3 d/10a(图 1),即每 10a 提早 3 d。2000 年以来的平均入春日为 3 月 13 日。近 10a 的平均入春日为 3 月 14 日,其变化趋势为 2 d/10a,表明近年来入春反而有延迟倾向。

2.2　上海入秋的特点

　　上海入秋的标准是指:立秋后,出现连续 5 d 日平均气温<22℃,则为入秋,其首日为秋季首日。

　　根据徐家汇站的季节资料分析,上海 1990—2013 年平均入秋日是 10 月 4 日,呈现出年代际变化,90 年代的平均入秋日是 10 月 1 日,而进入到 21 世纪 00 年代,平均入秋日为 10 月 8 日,2010 以来的平均入秋日为 9 月 29 日(图 2)。从近年来看,入秋日有明显提早的趋势,表明尤其是在 2010 年入秋偏早比较明显。在全球气候变化的背景下,上海季节长度近年来也发生了变化,总体来看,春季和秋季的长度并没有什么大的调整,主要的变化是本市的夏季变长,冬季变短。

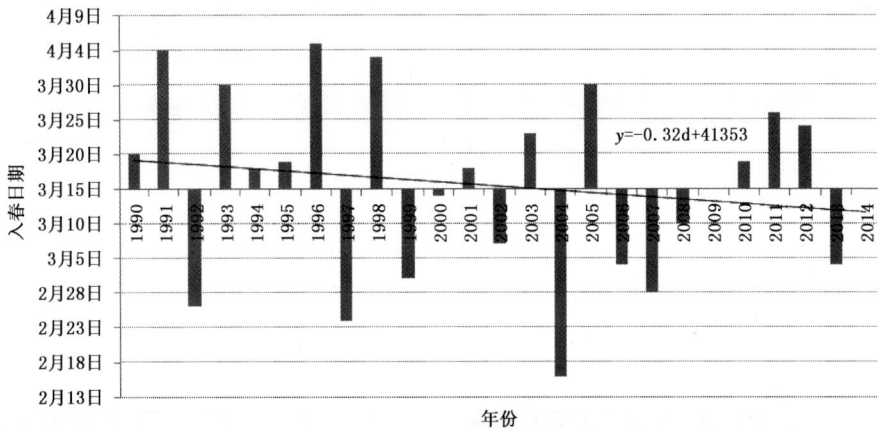

图 1 上海徐家汇站 1990 年以来的入春日(柱状)及其线性趋势(实线)

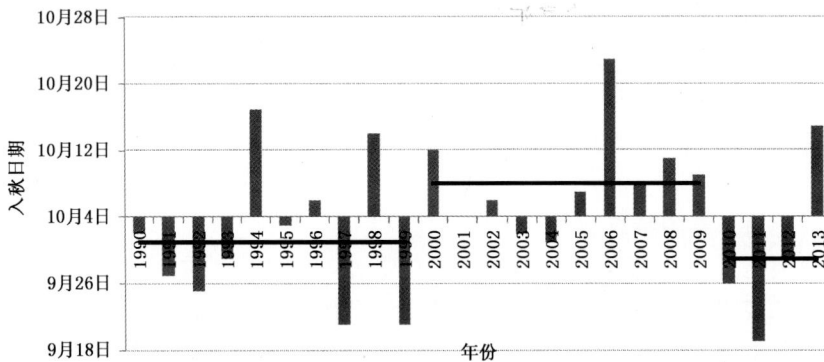

图 2 上海徐家汇站的入秋日(柱状)及其年代平均(直线)图

3 3 种园林植物初花期与季节转换之间的关系

3.1 白玉兰初花期与入春的关系

统计结果显示,2002—2012 年上海市平均入春日期为 3 月 10 日,跨度从 2 月中旬—3 月下旬,最早是 2004 年 2 月 16 日,最晚是 2005 年 3 月 30 日。

上海入春日期与白玉兰初花期接近,前者比后者仅晚 2 d,入春时间跨度大于白玉兰,标准差也大于白玉兰,说明入春日的变化幅度要大于白玉兰的初花期(表 1)。

表 1 上海近年入春日与白玉兰初花期的比较

	入春日	初花期
平均	3 月 10 日	3 月 8 日
时间跨度	2 月中旬—3 月下旬	2 月下旬—3 月中旬
标准差	12 d	8 d
最早	2 月 16 日	2 月 22 日
最晚	3 月 30 日	3 月 20 日

　　资料显示，2002、2004、2006 年入春日早于白玉兰初花期，其余年份则均偏晚。2006 年及之前的入春日要明显早于 2007 年以后的，而白玉兰的初花期则是 2006 年以前的要晚于 2007 年以后的。

　　2007 年之前，5 d 滑动平均气温（首日开始的连续 5 d 的平均气温之和再除以 5）≥12℃进入初花期，而 2007 年及以后，5 d 滑动平均气温≥10℃即进入初花期。由此看来，白玉兰的初花期只要 5 d 滑动平均气温≥10℃即满足初花条件，所以白玉兰初花期与入春日比较接近，白玉兰也成为大众心目中的"时令花"。而 2007 年前后作为判别示值的 5 d 滑动平均气温相差整 2℃，这可能与观测品种、栽培管理、地段环境或观测方法等系统性影响花期因素的前后差异或气温升温特征前后变化等特殊原因所致。

　　入春标准须满足连续 5 d 平均气温≥10℃，而白玉兰初花期须满足 5 d 滑动平均气温≥10℃，后者日期会早于或等于入春日期，这就解释了白玉兰初花期会稍早于入春日。而当 5 d 滑动平均气温≥12℃时，就出现了初花期晚于入春日的情况。

　　2009 年白玉兰初花期发生在 5 d 滑动平均气温≤10℃情况下。可能是因为初花期除了和气温关系紧密外，同时还与降水等其他因素有关。分析比较初花期前的降水量，发现 2009 年初花期前的降水不同于其他年份，2009 年初花期前降水集中，从 2 月中旬开始几乎天天是雨日，同时降水量也要明显多于其他年份。

　　另外，分析还发现，入春距初花时间的长短与初花后气温高低密切有关。若白玉兰初花后气温较高，则入春早（即二者时间间隔短），反之则入春晚。其相关系数−0.794，置信度 90%（图 3）。

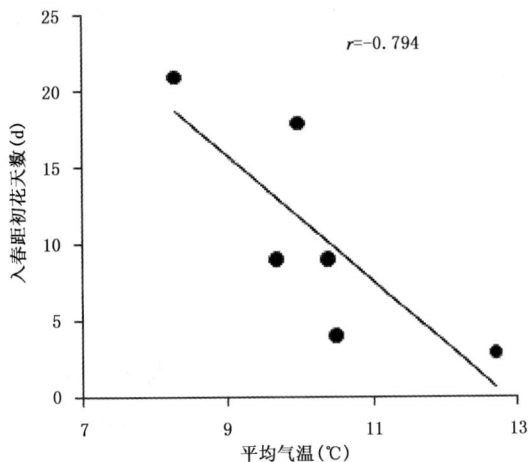

图 3　上海入春日距初花时间的长短和初花后气温的关系

3.2　东京樱花初花期与入春的关系

　　资料显示，东京樱花初花期一致晚于入春日，平均相差 20 d，最多的相差 44 d，最少的相差 4 d，而且两者的差值近年呈日益缩小的趋势（图 4）。

　　2004—2012 年入春的时间跨度比东京樱花初花期要大，入春日的标准差也大于东京樱花初花期，说明东京樱花初花期的变化幅度小于入春日期的变化。

　　2004 年以来，入春日期有偏晚的趋势，东京樱花初花期也呈偏晚的态势。其中，2006—2011 年东京樱花初花期与入春日相差日期的变动趋势较稳定。

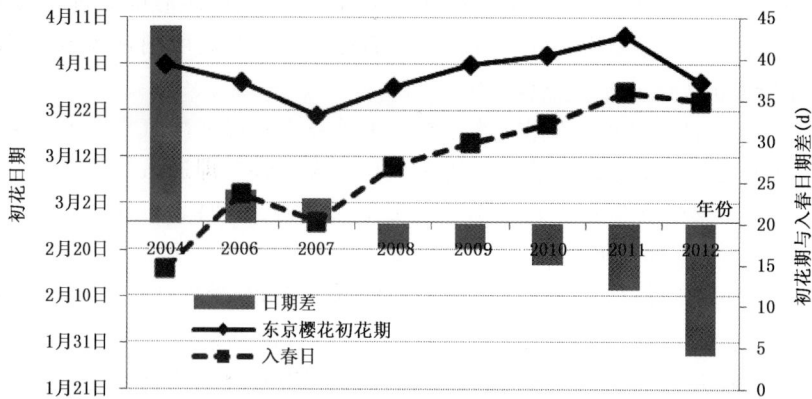

图 4   上海东京樱花初花期(实线)、入春日(虚线)及两者之间的差值天数(柱状)

上海入春早晚与初花期有着较为密切的正相关关系,即入春早对应樱花初花期也早,其相关系数为 0.801,置信度达到 98%。

入春后气温高低对初花期早晚影响非常明显。资料统计表明,入春到初花的气温较高,入春到初花需要的时间就较短,反之较长,两者相关系数为−0.815,置信度 98%。

分析 2004 年以来东京樱花初花前 5 d 滑动平均气温与初花日关系,结果显示 8a 中有 6a 的 5 d 滑动平均气温≥12℃进入初花,有 1 a 的≥10℃进入初花,有 1 a 的(2007 年)≤10℃进入初花。可见大部分情况下,东京樱花初花要求的 5 d 滑动平均气温(即≥12℃)要高于白玉兰(≥10℃),也高于入春的平均气温 10℃。这就解释了东京樱花初花期晚于白玉兰、总在入春之后。

除气温外,降水也是影响东京樱花初花期的重要气象因素。分析近年东京樱花与其之前 5 d 的降水的关系,发现两者为负相关,即初花期前降水多,花期早,若降水少,则花期晚。例如,2007 年虽然初花期前气温较低,但是其初花期却为近年来最早(3 月 21 日),分析显示,其主要原因是由于初花期前的降水集中并且降水明显,另一方面虽然初花期前气温较低,但 2—3 月初的平均气温是 2000 年以来最高的。

3.3   早银桂初花期与入秋的关系

资料统计结果表明,1990—2013 年以来本市平均入秋日期为 10 月 4 日,时间跨度为 9 月下旬—10 月下旬,最早入秋的是 1997 年 9 月 21 日,最晚是 2006 年 10 月 23 日。与早银桂初花期相比,入秋日期时间要晚 10 d,两者时间跨度类似。入秋日变化幅度(标准差)与早银桂初花期相同均为 9 d(表 2)。

表 2   上海近年入秋日与早银桂初花期的比较

	入秋日	早银桂初花期
平均	10 月 4 日	9 月 23 日
时间跨度	9 月下旬—10 月下旬	9 月上旬—10 月上旬
标准差	9 d	9 d
最早	9 月 21 日	9 月 9 日
最晚	10 月 23 日	10 月 5 日

　　上海入秋日与早银桂初花期的差值呈增大的趋势（图5），平均为6 d/10a，即每10a扩大6 d。此外，入秋日的波动大于早银桂。

　　1990年以来（缺1994、2001、2004年资料）的21a中，有17a早银桂初花期在入秋日之前。分析17a早银桂初花期前期逐日平均气温5 d滑动的变化，结果发现这17a的5 d滑动平均气温均在22℃以上，即夏末秋初，当5 d滑动平均气温下降到22℃之前，就能满足早银桂初花的气温条件，而连续5 d的平均气温低于22℃的入秋标准要求更高。结果是早银桂初花期大多早于入秋日期。

　　分析早银桂初花期早于入秋日的17a气象资料发现，初花期早晚与之后多长时间入秋有密切的负相关关系，即早银桂初花期早对应的之后需要更长的时间才入秋，入秋日与早银桂初花期相差更大，其相关系数为−0.696；反之，早银桂初花期晚，对应的入秋日期和初花期时间间隔较短。

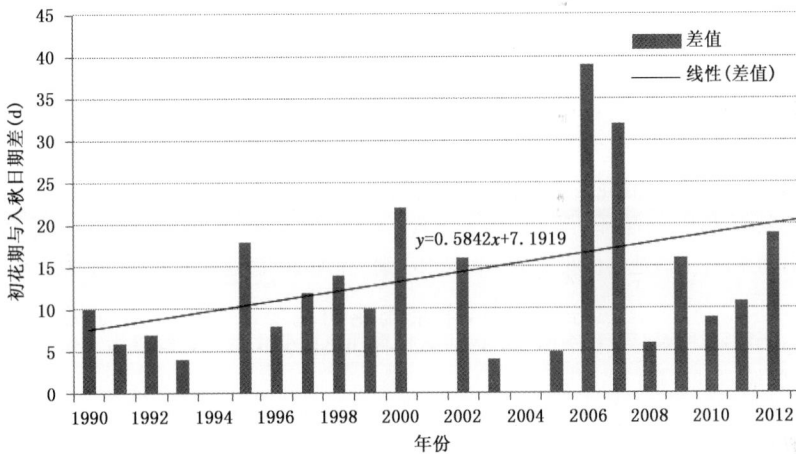

图5　上海近年入秋日期与早银桂初花期的日期差图（单位：d）

4　小结

　　(1)近10a上海的平均入春日期为3月14日，其变化趋势为2 d/10a，有延迟的倾向。

　　(2)上海入春日期变化幅度比白玉兰和东京樱花初花期大。平均入春日期与白玉兰平均初花期接近，前者平均晚2 d，但各年并不一致，有先有后；而东京樱花初花期比入春日一致地早，平均早20 d。

　　(3)白玉兰要求5 d滑动平均气温≥10℃、东京樱花≥12℃进入可以初花，而入春标准为连续5 d的平均气温超过10℃，因此出现了白玉兰初花期与入春并不一致，出现有先有后、大多早于入春的现象，而东京樱花初花期一致晚于入春。

　　(4)上海在1990—2013年平均入秋日是10月4日。近年来，入秋日有明显提早的趋势，入秋日与早银桂初花期的时间差也呈增大的趋势。

　　(5)上海早银桂初花期平均早于入秋日期11 d。这是在夏末秋初降温过程中，5 d滑动平均气温在22℃以上时就满足早银桂初花条件，气温高于入秋标准的缘故。早银桂初花期早,对应初花期到入秋日期更长远,即入秋日与早银桂初花期时间差异大,反之则差异小。

　　分析采用的气象资料观测站点离植物观测对象有一定距离、周围环境也存在差异,此外,植物对象的地理地势、土壤养分水分、植物品种树龄、管理措施等对植物花期均有影响,分析使用的花期资料时间序列也较短,上述条件制约了初花期与季节转换关系、定量指标分析的深入,有待进一步深入研究,以期在业务服务等方面得到应用。

　　致谢:本工作得到上海市园林科学研究所王铖博士的帮助,特致谢意。

参考文献

[1] 舒素芳,毛俊萱,蔡敏.白玉兰始花期与气象因子的关系分析[J].浙江农业学报,2013,**25**(2):248-251.

[2] 陈正洪,肖玫,陈璇.樱花花期变化特征及其与冬季气温变化的关系[J].生态学报,2008,**28**(11):5209-5217.

[3] 罗佳.陕西杨凌近 30 年来日本樱花花期的演变及其指示意义[J].西北农林科技大学学报(自然科学版),2007(11):165-170.

[4] 姜纪红,朱明,楼茂园.桂花开花与花前气象条件的关系[J].浙江农业科学,2002(5):225-227.

[5] 李军,杨秋珍,杨康民.银桂初花物候期的气候条件[J].植物生态学报,2006,**30**(3):421-425.

[6] 王玉勤,胡永红.上海地区桂花花期与气候因子研究[A],中国观赏园艺研究进展 2011[C].2011:77-80.

[7] 郝日明,张璐,张明娟,等.影响南京地区桂花秋季开花期变化的关键气候因子研究[J].植物资源与环境学报,2006,**15**(3):31-34.

[8] 徐雨晴,陆佩玲,于强.近 50 年北京树木物候对气候变化的响应[J].地理研究,2005,**24**(3):412-425.

[9] 薛正平,孔春燕,张皓,等上海地区三种园林植物花期与气象条件关系初析[J].大气科学研究与应用,2014(1):77-82.

[10] 张宝堃.中国四季之分配[J].地理学报,1934(1):32-77.

Relation with Three Gardening Plant Flowering Date and Seasonal Transition in Shanghai

KONG Chunyan[1]　　*XUE Zhengping*[2]　　*ZHANG Yin*[1]

(1 *Shanghai Public Weather Service Center*, *Shanghai*　200030;
2 *Shanghai Climate Center*, *Shanghai*　200030)

Abstract

With data of flowering date of Magnolia, Tokyo Sakura and Early Osmanthus fragrans during 2006 —2012 and climate data of the same period, relations with flowering date and seasonal transition were analyzed. The results showed that, the cause for difference between spring and Magnolia, Tokyo Sakura blooming is the five-day moving average of temperature，Magnolia requires that temperature more than 10℃ and Tokyo Sakura is asked nearly 12℃. In the period of blooming date of Early Osmanthus Fragrans，the five-day moving average of temperature requires at least 22℃ or the daily average temperature needs to be more than 22℃ which is higher than standard of the start of autumn. This is the cause that the time of blooming date of Early Osmanthus fragrans is 11 days earlier than the start of autumn.

上海市 2013 年 4—12 月空气质量状况分析研究

曹　钰[1,2]　马井会[1,2]

(1 上海市城市环境气象中心　上海　200135；2 上海市健康重点实验室　上海　200135)

提　要

本文依据影响空气质量的 6 种主要大气污染物的逐日 IAQI 和 AQI 指数值，评估 2013 年 4—12 月上海市空气质量状况，讨论了 AQI 时空分布规律及地面天气形势对空气质量的影响。结果表明：①根据环保部门对外发布的《上海市环境状况公报》，2009—2012 年上海市空气质量优良率均在 90% 以上，2013 年开始采用 AQI 指数作为空气质量评价标准，上海市空气质量优良率为 66%；②从首要污染物来看，影响上海的最主要污染物为细颗粒物 $PM_{2.5}$ 和 O_3，且它们具有明显的季节性变化；③地面天气形势对空气污染影响较大，春季上海的颗粒物污染主要受地面均压场影响，常伴有逆温层存在；秋、冬季上海的颗粒物污染主要受大陆冷高压和冷锋输送影响，地面主导风向为西北或偏北风，外源性输送是造成污染的主要原因；夏季因光照条件好及前体物输送作用显著，易出现臭氧污染。

关键词　空气质量　AQI　霾日　地面天气形势

0　引　言

随着我国城市化和工业化水平不断提高，大气污染排放增多，空气污染问题日益严重。空气质量的研究成为一个热点[1-3]。上海市作为中国经济发展的标志性城市，其城市的大气环境质量对于评价其环境水平乃至综合竞争力具有非常重要的意义。环境空气中污染物的浓度变化基本取决于两个因素，即污染源的排放和气象条件[4-6]。为此，很多气象工作者就上海市空气质量进行了多方面的研究。黄成等[7]很早采用对比法开展国内外城市环境经济综合实力对比，指出我国空气质量较国外有一定差距。张国琏等[8]利用天气学原理将地面天气系统进行分型，探索研究不同地面天气类型对上海市空气质量变化的影响。他们整理、分析 2003—2005 年地面天气类型和气象要素与空气质量的关系，发现上海市秋、冬季以大陆冷性高压系统移动为主，而夏季主要以副热带高压和台风影响为主，春季是冬季与夏季之间的过渡，天气系统转换较为频繁。

本文整理了 2013 年 4—12 月 6 种大气污染物的逐日 IAQI 指数值，分析期间上海市

资助项目：中国气象局预报员专项（CMAYBY2014－022）及上海市科研计划项目（14DZ1202904）共同资助。

作者简介：曹钰（1987－），女，甘肃定西人，助理工程师。主要从事环境气象预报、中尺度动力学研究；

E-mail：liushuicaoyu@163.com。

空气质量状况，并对不同地面天气形势的影响进行统计研究，探讨了影响空气污染的主要气象因子及季节性差异的原因。

1　方法和资料

1.1　空气质量指数（AQI）及算法

（1）空气质量指数（AQI）

空气质量指数（air quality index，简称 AQI）是定量描述空气质量状况的无量纲指数，具体是指将监测的几种主要大气污染物的浓度根据适当的分级浓度限值对其进行等标化，简化成为单一的无量纲的指数形式，并将空气污染程度及空气质量状况进行分级表示。根据我国现行的环境空气质量标准（GB3095－2012），参与空气质量评价的主要污染物为细颗粒物（$PM_{2.5}$）、可吸入颗粒物（PM_{10}）、二氧化硫（SO_2）、二氧化氮（NO_2）、臭氧（O_3）、一氧化碳（CO）等 6 项。通过分别计算每种大气污染物的空气质量分指数（IAQI），取这 6 种大气污染物的分指数中最大值作为该城市的空气质量指数（AQI），该污染物也被称为当日空气状况的首要污染物。

根据我国现行的环境空气质量标准，空气质量指数（AQI）分为 6 级：1 级优，2 级良，3 级轻度污染，4 级中度污染，5 级重度污染，6 级严重污染。AQI 越大、级别越高，说明污染的情况越严重，对人体的健康危害也就越大[9,10]。

为了更准确地分析 2013 年 4—12 月上海市空气质量状况，我们采用我国现行的空气质量指数（AQI）替代原空气污染指数（API），用于评估逐日空气质量状况。我国空气质量指数的评价项目和取值时间的变化情况见表 1。随着 10 余年来的不断更新，空气质量指数的名称、污染物项目、分级浓度限值和发布方式等都发生了很大的变化。空气质量指数的指标及其取值时间一般与其环境空气质量标准相匹配。从空气质量指数变化趋势来看，指标项目呈逐渐增多的趋势，从 API 指数最初只包含硫化物和氮化物，修订后增加了臭氧（O_3）和可吸入颗粒物（PM_{10}），而导致空气质量恶化及灰霾天气的主因——细颗粒物（$PM_{2.5}$）并未纳入其中。而 AQI 指数则增加了细颗粒物（$PM_{2.5}$）这个重要污染物，从而总悬浮颗粒物（TSP）逐渐被弃用。从评价项目取值时间的变化来看，AQI 指数较 API 指数更注重气态污染物短期急性效应的影响，保护公众免受短期高浓污染物暴露的风险。从信息发布方式来看，随着监测技术的不断提高，AQI 指数开始发布实时报，及时提醒公众采取必要的防护措施，较 API 日报信息更贴近公众需求。因此，AQI 指数采用的标准更严、污染物指标更多、发布频次更高，其评价结果也更加接近公众的真实感受。

表 1　AQI 和 API 指数指标项目比较

指数名称 （起止年）	对应环境空气 质量标准	指标 数量	（指标项目）取值时间	信息发布 方式
AQI（2012 年至今）	GB3095－2012	10	$(CO)_{1h}$，$(CO)_{24h}$，$(O_3)_{1h}$，$(O_3)_{8h}$，$(SO_2)_{1h}$，$(SO_2)_{24h}$，$(NO_2)_{1h}$，$(NO_2)_{24h}$，$(PM_{10})_{24h}$，$(PM_{2.5})_{24h}$	日报和实时报

续表

指数名称 (起止年)	对应环境空气 质量标准	指标 数量	(指标项目)$_{取值时间}$	信息发布 方式
API(2000—2011 年)	GB3095—1996 修订单	5	$(SO_2)_{24h}$, $(NO_2)_{24h}$, $(PM_{10})_{24h}$, $(O_3)_{1h}$ $(CO)_{1h}$,	日报
API(1997—1999 年)	GB3095—2012	3	$(SO_2)_{24h}$, $(NO_X)_{24h}$, $(TSP)_{24h}$	日报

(2)空气质量分指数的计算方法

某种大气污染物 P 的空气质量分指数按下式计算:

$$IAQI_P = (IAQI_{Hi} - IAQI_{Lo}) \cdot (C_P - BP_{Lo})/(BP_{Hi} - BP_{Lo}) + IAQI_{Lo} \tag{1}$$

式中:$IAQI_P$——污染物项目 P 的空气质量分指数;

C_P——污染物项目 P 的质量浓度值;

BP_{Hi}——与 C_P 相近的污染物浓度限值的高位值;

BP_{Lo}——与 C_P 相近的污染物浓度限值的低位值;

$IAQI_{Hi}$——与 BP_{Hi} 对应的空气质量分指数;

$IAQI_{Lo}$——与 BP_{Lo} 对应的空气质量分指数。

另外,计算公式中所用参数均参照《环境空气质量指数(AQI)技术规定(HJ633—2012)》中的空气质量分指数及对应的污染物项目浓度限值中取得(表略)。

1.2 资料

本文所采用 6 种主要大气污染物(细颗粒物($PM_{2.5}$)、可吸入颗粒物(PM_{10})、二氧化硫(SO_2)、二氧化氮(NO_2)、臭氧(O_3)、一氧化碳(CO))的日平均浓度计算得到空气质量分指数 IAQI 和首要污染物 AQI,空气质量 IAQI 和 AQI 指数数据主要从"上海市空气质量实时发布系统"网站上搜集所得,上述数据来源于上海市环境监测中心的 10 个国控站的实时观测浓度数据计算所得,详见图 1。上海市 6 种主要大气污染物的 IAQI 和 AQI 数据从 2013 年 4 月 1 日开始正式对外发布,为了保证数据采用标准的一致性,因此本文所有的分析选择时段为 4—12 月。霾资料取自上海市 11 个国家级地面观测站月报表文件。霾日定义为有两个及以上站点一日内记录霾。

图 1 详细列出上海市环境监测中心的 10 个自动监测站的名称及所在区县,可以看出,10 个自动监测站中有 7 个监测站分布在市区,3 个位于市区的边缘,其监测资料对上海市具有一定的代表性,其中青浦淀山湖站作为对照站,不参与计算全市平均值。

根据本文 1.1 小节中介绍的空气质量分指数 IAQI 计算方法,可以由原始数据一一对应计算得到上海市 2013 年 4—12 月 6 种主要大气污染物的 IAQI 指数,并取其中大气污染物的 IAQI 指数中最大的数作为该城市的空气质量指数(AQI),该污染物也被称为当日空气状况的首要污染物。

图 1   上海市环境监测中心的 10 个自动监测站及其所在区县

2   2013 年上海市空气质量状况分析

根据本文 1.1 小节中介绍的 AQI 算法，计算得到上海市 2013 年 4—12 月的空气质量指数(IAQI 及 AQI)。我们就这期间上海市 IAQI 及 AQI 逐日数据进行分析，以揭示上海市空气质量状况、首要污染物的时空变化规律，以及气象条件对空气质量的影响。

2.1   空气质量优良率及时间演变

(1)空气质量优良率

2013 年 4—12 月，上海市全市环境空气质量优、良天数共计 183d，优良率为 66%，AQI 日均值为 95.7。统计不同空气质量等级日数所占比例可知，上海市 2013 年 4—12 月的空气质量总体以良为主，为 139d；其次为轻度污染等级，为 56d，略高于优等级(44d)，详见图 2a。2009—2012 年，环保部门评价上海市空气质量均采用 API 方法统计所得，我们根据其发布的《上海市环境状况公报》可知(图 3)，2009—2012 年上海市空气质量优良率均在 90% 以上，API 日均值均低于 65，上海市空气质量优良率呈上升趋势。我们采用 AQI 指数评价的 2013 年 4—12 月的上海市空气质量优良率仅为 66%，AQI 日均值上升至 95.7，接近污染等级，空气质量明显恶化。从图 2b 中可看到，主要影响上海市空气质量指数的是细颗粒物(PM$_{2.5}$)和(O$_3$)$_{8h}$(即 8 h 滑动平均日最大，下同)。本文 1.1 小节中讨论过 AQI 指数是基于 API 指数新增加了(O$_3$)$_{8h}$和 PM$_{2.5}$。通过对比两种标准可以发现，首先，PM$_{2.5}$是造成上海市空气质量恶化和灰霾天气的主因，其次，AQI 指数则能更真实地反映上海市空气质量。

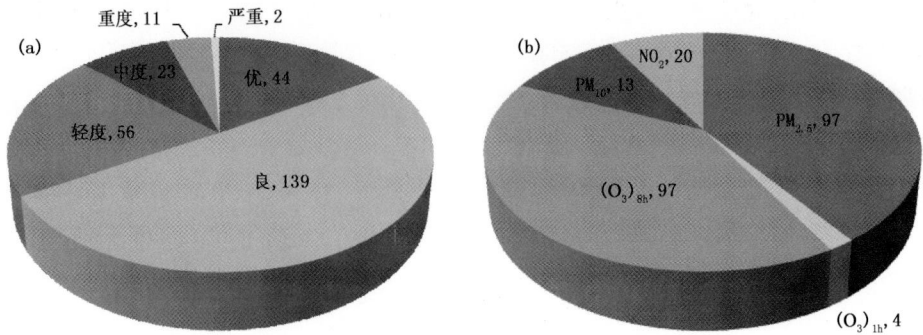

图2　2013年4—12月上海市空气质量指数等级(a)及首要污染物(b)的日数分布(单位:d)

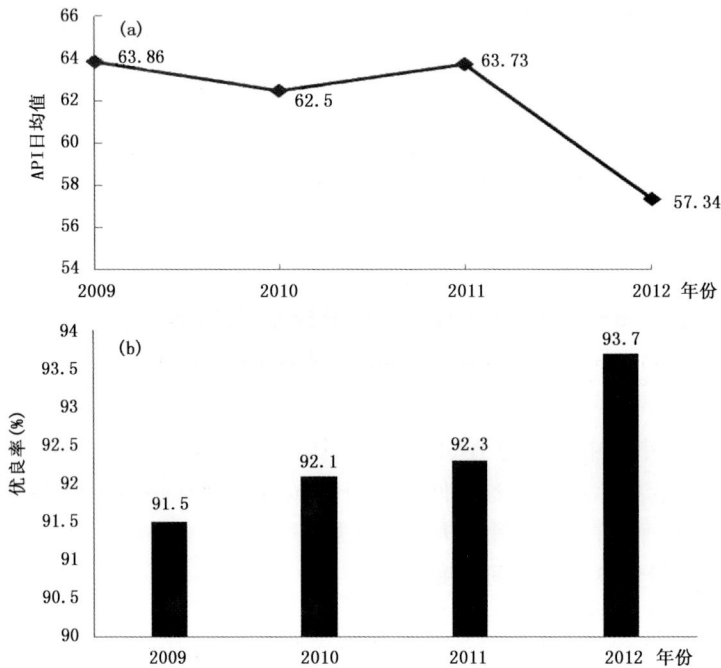

图3　2009—2012年上海市空气质量API日均值(a)及优良率(b)

（2）AQI时间演变

　　为了更全面地描述2013年4—12月上海市空气质量不同级别的分布状况,根据环境空气质量标准(GB3095－2012)所列空气质量等级标准,我们逐月统计了不同等级AQI的日数分布情况,绘制AQI各等级月平均日数箱线图,如图4所示,分析本市空气质量的时间演变情况。箱线图主要用于直观表示变量的中位数和两个4分位点等统计量,图中横线代表中位数,小方块代表平均值,星号代表异常值。从中位数和上下4分位点来看,不同等级AQI值与月份相关程度较高,上文中讨论过2013年4—12月中,良等级日数占总日数的50％,可见,上海市空气质量处于良等级的日数最多,AQI月平均日数中位数为14 d,低于平均值,异常值为7 d和27 d。同时,我们发现AQI月平均日数随空气污染等级的增加呈递减的趋势,异常值也随之降低。从箱线图的离散度来看,月份之间差别较大。污染越严重,异常值出现频率越低,且越集中在较大值一侧。另外,箱线图中位数一般都略低于平均值,但是异常值集中在较大值一侧,说明 AQI 月平均日数分布不均匀,呈现右偏态。

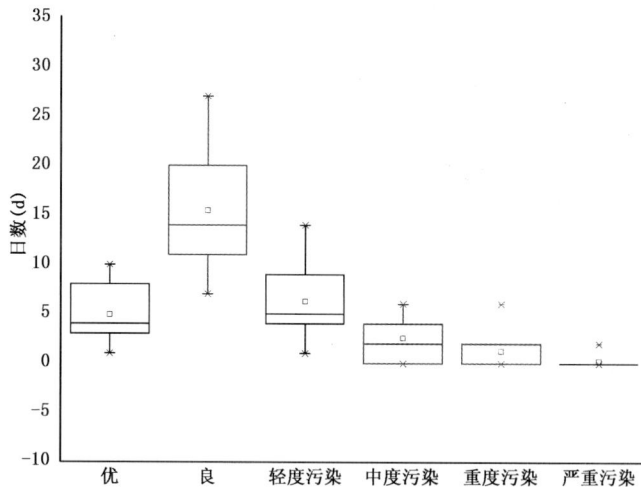

图 4　2013 年 4—12 月上海市不同等级 AQI 月平均日数箱线图

为了进一步了解不同等级 AQI 日数随时间演变规律,本文绘制了不同空气质量等级 AQI 日数逐月变化(图 5)。11—12 月空气质量最差,污染等级较高且日数集中,首要污染物以 $PM_{2.5}$ 为主,11 月污染等级以上 AQI 日数为 15 d,12 月陡增到 23 d,优等级 AQI 日数均为 1 d。9—10 月空气质量最好,污染等级以上 AQI 日数仅有 1～2 d,特别是 10 月份的良等级 AQI 日数远大于其他月份。一般认为,夏季是上海市空气质量最佳的时期,但 2013 年 7—8 月污染日数为 28 d,主要为 $(O_3)_{8h}$ 污染,这主要与 2013 年夏季上海地区高温日数和连续高温日数均达到历史极值有关,而 O_3 作为二次污染物,对气温及光照条件敏感。春季北方冷空气频繁影响上海,伴随北方冷空气而来的是浮尘的输入,因此,2013 年 4—5 月污染等级以上 AQI 日数也明显呈上升趋势。

综上所述,2013 年 4—12 月上海市空气质量随时间呈现波动变化,主要与污染物排放源和气象条件密切相关,7—8 月和 11—12 月均为污染严重时期,呈现污染日数双峰结构,夏季为 O_3 的峰值,$PM_{2.5}$ 的谷值,冬季为 $PM_{2.5}$ 的峰值,O_3 的谷值。

2.2　首要污染物分布特征

上文中分析图 2 可知,影响上海市空气质量的最主要两种污染物为 $PM_{2.5}$ 和 O_3。同理,根据环境空气质量标准,统计了不同空气质量等级下,AQI 首要污染物的分布情况(图 6),详见表 2。当空气质量为良等级时,$(O_3)_{8h}$ 作为首要污染物比例最大,日数为 67 d,占良等级总日数的 50% 左右。随着空气质量达到污染及以上,$(O_3)_{8h}$ 作为首要污染物的比例呈明显下降趋势,细颗粒物 $PM_{2.5}$ 取而代之,占最大比例,特别在轻度污染等级表现最为明显。通过比较图 5 和图 6 可以看出,图 6 中污染情况下的 $(O_3)_{8h}$ 作为首要污染物的日数主要出现在 7—8 月,该时期正处夏季,光照条件良好,$(O_3)_{8h}$ 作为首要污染物比例为 85.7%。而 11—12 月,$PM_{2.5}$ 成为空气污染最主要的首要污染物,比例大于 50%。另外,AQI 为轻度到中度污染等级时,首要污染物为可吸入颗粒物(PM_{10}),日数为 4 d,均伴

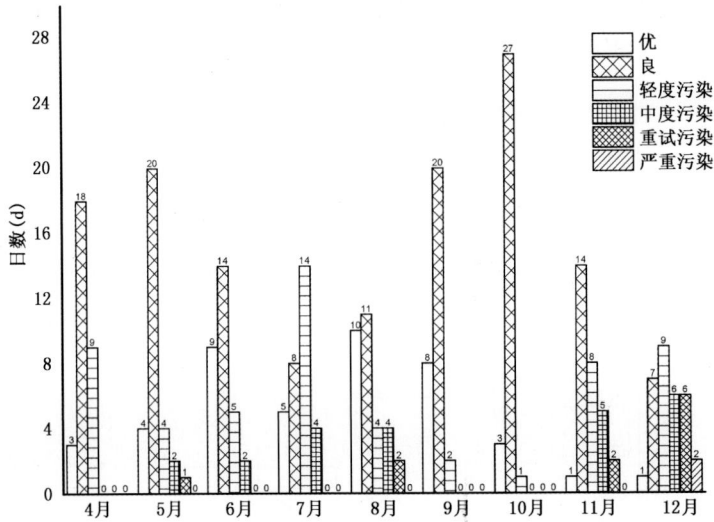

图 5　2013 年 4—12 月上海市各污染等级 AQI 日数逐月变化

随有冷空气侵入,与浮尘大范围区域输送相关。AQI 达到重度污染及以上时,首要污染物基本上就是 $PM_{2.5}$。因此,$PM_{2.5}$ 的排放源和扩散条件的研究对治理上海市的空气污染问题最为重要。

表 2　不同空气质量等级 AQI 首要污染物的日数分布(单位:d)

首要污染物	空气质量等级(日数)				
	良	轻度污染	中度污染	重度污染	严重污染
$PM_{2.5}$	42	31	13	9	2
$(O_3)_{1h}$	1	3	0	0	0
$(O_3)_{8h}$	67	20	8	2	0
CO	0	0	0	0	0
PM_{10}	9	2	2	0	0
SO_2	0	0	0	0	0
NO_2	20	0	0	0	0

2.3　霾日分布特征及与 AQI 的关系

　　众所周知,霾天气是一种视程障碍现象,通常发生在静稳天气条件下,一般是细粒子气溶胶在一段时间内在近地层堆积的结果,这在一定程度上与空气质量有较好的相关。同样选取 2013 年 4—12 月期间上海市霾日的分布情况(图 7a),从空间分布来看,2013 年上海市霾日呈现由沿海到内陆逐渐增多的分布特征。

　　图 7b 为总霾日和 AQI 达到污染及以上等级的霾日随时间分布情况,从两条曲线变化趋势上可以清楚地反映出霾日和空气质量的关系,基本上霾天气都是与空气污染同时出现。同时结合 AQI 达到轻度污染及以上等级的霾日对应的首要污染物分布情况(图 7c)来看,霾天气与 $PM_{2.5}$ 的 IAQI 存在明显相关,冬季 $PM_{2.5}$ 造成的空气污染日数最多,因此 11—12 月霾日也随之出现峰值。

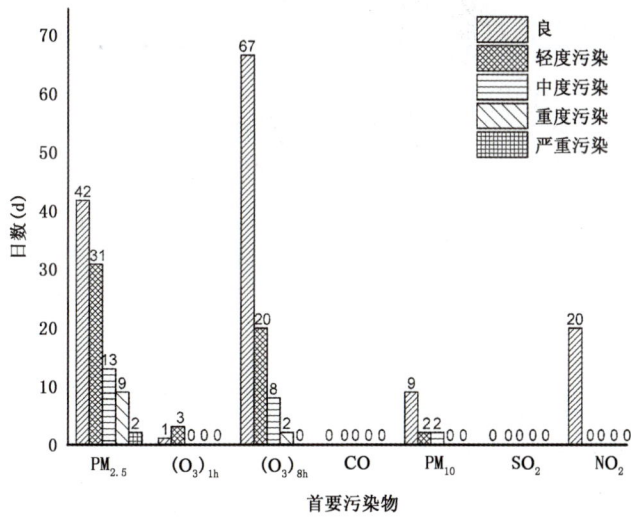

图 6   不同空气质量等级 AQI 首要污染物的分布情况

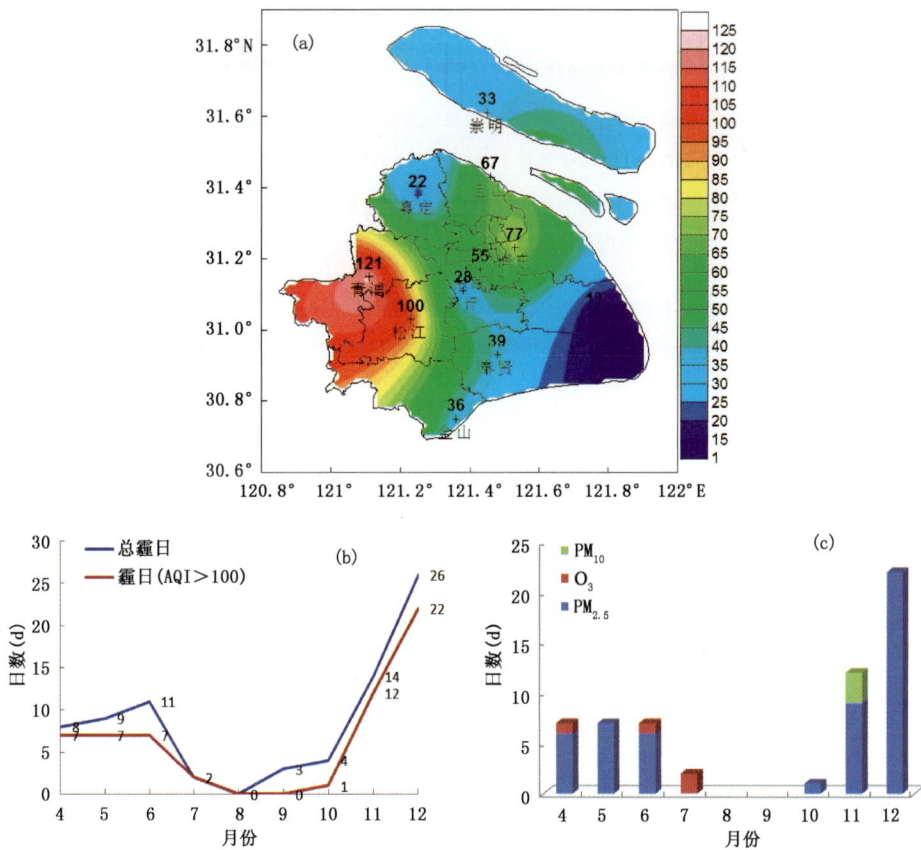

图 7   2013 年 4—12 月上海市霾日空间分布图(a)、月霾日随时间变化(b)
及月霾日(AQI>100)对应首要污染物随时间变化(c)

3　污染气象条件分析

2009 年,吴兑等[11]研究珠江三角洲霾天气的近地层输送条件发现,当气溶胶的自然排放和人类活动排放在一段时期内相对稳定时,区域内能见度和空气质量变化的控制因素是气象条件,或者说是边界层对气溶胶等污染物质的稀释扩散能力,充分说明气象条件对污染天气形成的重要性。随后,气象学者研究发现,地面天气形势及气象扩散条件的变化对于空气污染预报具有很好的指示作用[8]。

上文中已讨论 2013 年上海市空气质量达到轻度污染及以上污染等级时,$PM_{2.5}$为最主要的影响因子。本文采取 AQI 在轻度污染及以上等级时的 $PM_{2.5}$ 的 IAQI 值作为判别依据,同时参考霾日出现情况,依据天气学原理及地面天气图上高、低压系统的配置和上海在气压场中所处的相对位置,讨论造成 2013 年上海空气质量污染的主要不同地面形势,共计 7 种,详见表 3。

表 3　造成上海市空气污染的不同地面天气形势及风场特征

天气类型	频率(%)	地面天气形势及风场特征
高压中心(简称 G)	25	高压系统或弱高压中心位于长江下游地区,本地处于高压中心控制之下,风速较小,扩散条件差
冷高压楔(简称 G1)	35	高压主体位于河套地区,伴随有冷空气输送,本地处于弱气压场内,风力较小
高压楔(简称 G2)	8	高压主体位于长江下游地区,本地处于弱气压场内,风力较小
低压底部(简称 D)	12	低压主体位于山东及以北地区,本地处于低压底部,风向以偏西或西北风为主,伴随有强冷空气输送
均压场(高压楔)(简称 G(J))	3	本地处于高压环流内,等压线稀疏,风速很小
冷锋过境(简称 C)	5	冷空气从东经 115°以西移向华东地区,锋面呈东北—西南向经过本地,等压线密集,风速较大。主导风向为西北风
均压场(简称 J)	12	本地处于低压前部,等压线稀疏,或处于鞍形场,风速小

根据上述判别依据,我们进行分类、识别并统计了 AQI 指数达到轻度污染及以上等级,不同地面天气形势出现的频率及日数分布。同时按春季(4—5 月)、夏季(6—9 月)秋冬季(10—12 月)3 个时间段进行季节划分,统计不同季节内不同天气形势出现的频率,分析它们对上海市空气质量变化产生的影响。由图 8 和表 4 可见,秋、冬季节,上海市以大陆冷性高压系统影响为主,频率超过 70%,而夏季主要受低压及副热带高压影响最为明显,频率超过 50%,春季均压场出现的频率最高,频率为 40%。

而地面天气形势和空气质量(AQI 指数)密切相关,结合图 5 可知,秋、冬季节,冷高压沿 L 型路径输送(常称 L 型高压)、冷锋沿偏东路径输送,两种地面天气形势对应较高的 AQI 值,AQI 平均状况达到轻度污染等级及以上。这主要由于这两种地面天气形势影响上海时,高空往往为西北或偏北风,容易将上游地区的细颗粒物和浮尘输送至本地,从而造成污染。春季均压场容易造成颗粒物污染,当受均压场控制时,大气层结稳定,风速小,且易出现较强的逆温层,使得人类活动排放的大量污染物难以扩散,从而 AQI 值较高。夏季由于副热带高压长期控制上海市及周边地区，天气晴好，气温偏高，光照条件好，主要容易出现臭氧(O_3)污染。

表 4 各季节不同地面天气形势对空气质量(AQI 指数)影响频率

天气类型	影响频率(%)		
	春季	夏季	秋冬季
高压中心(简称 G)	0	25	35
冷高压楔(简称 G1)	27	12	43
高压楔(简称 G2)	13	0	8
低压底部(简称 D)	13	50	3
均压场(高压楔)(简称 G(J))	7	0	3
冷锋过境(简称 C)	0	0	8
均压场(简称 J)	40	13	0

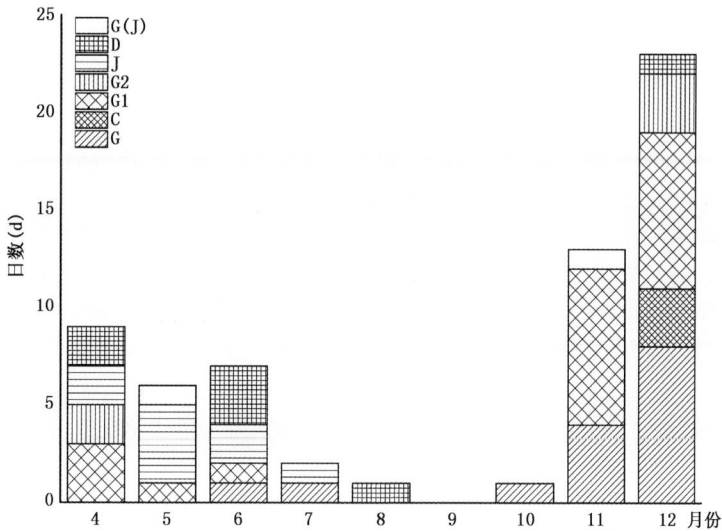

图 8 2013 年 4—12 月不同污染天气形势逐月分布

综上所述，大陆冷高压，冷锋过境，均压场为造成上海市空气污染的主要地面天气形势，一般以西北或偏北气流为主，扩散条件差，有利于污染物在本地的持续积累。反之，若上海市受较强的偏东或东南气流控制，较大的风力有利于本地污染物扩散，且上海为海滨城市，受海陆风影响，海上清洁空气对本地污染物起到了较好的稀释作用。

4 结论

通过对上海市 2013 年 4—12 月 IAQI 及 AQI 的统计分析，结合霾日情况，分类讨论不同地面天气形势场对上海市空气质量的影响，评估了 2013 年 4—12 月的空气质量状况及时空分布规律，探讨了不同季节造成上海市空气污染的不同地面天气形势场的气象条件及其特点，得出如下结论：

（1）2009—2012 年上海市空气质量评价采用 API 指数,优良率均在 90％以上,2013 年开始采用 AQI 指数作为评价标准,优良率仅为 66％;空气污染对季节敏感,夏季和秋、冬季首要污染物完全不同,前者以光照条件影响的臭氧(O_3)$_{8h}$污染为主,后者为细颗粒物($PM_{2.5}$)和可吸入颗粒物(PM_{10})污染为主。

（2）从影响空气质量的颗粒物因子来看,AQI 指数在 API 指数基础上进行了全面的扩充,将造成上海空气污染和灰霾天气的主因:细颗粒物($PM_{2.5}$)和对人体健康有明显危害的污染物及(O_3)$_{8h}$纳入在内。

（3）上海市首要污染物主要为细颗粒物($PM_{2.5}$)和臭氧(O_3)$_{8h}$,可吸入颗粒物(PM_{10})和二氧化氮(NO_2)次之,二氧化硫(SO_2)和一氧化碳（CO）最少。

（4）空气污染和地面天气形势类型密切相关,空气污染的地面天气形势主要包括高压中心附近、冷高压楔内、高压楔内、低压底部、均压场、低压前部均压场及冷锋过境前后。春季主要受均压场形势影响居多;秋冬季空气污染最为严重,主要以大陆冷高压移动和冷锋沿偏东路径输送影响为主;夏季因光照条件好,易出现臭氧污染。

参考文献

[1] Buchanan C M, Beverland I J, Heal M R. The influence of weather-type and long-range transport on airborne particle concentrations in Edinburgh, UK[J]. *Atmospheric Environment*, 2002, **36** (34):5343-5354.

[2] 黄鹂鸣,王格慧,王荟,等. 南京市空气中颗粒物 PM_{10}、$PM_{2.5}$ 污染水平[J]. 中国环境科学, 2002, **22**(4):334-337.

[3] 樊曙先,徐建强,郑有飞,等. 南京市气溶胶 $PM_{2.5}$ 一次来源解析[J]. 气象科学, 2005, **25**(6): 587-593.

[4] 刘兴中,严从路,牛玉琴,等. 南京大气高浓度污染的特征及与气象条件的关系[J]. 气象科学, 1992, **12**(1):107-112.

[5] 王珩,于金莲. 大气中 PM_{10} 浓度的影响因素及其污染变化特征分析[J].上海师范大学学报（自然科学版）, 2004, **33**(9):98-102.

[6] 任阵海,高庆先,苏福庆. 北京大气环境的区域特征与沙尘影响[J].中国工程科学, 2003, **5**(2): 49-56.

[7] 黄成,王冰妍,陈长虹,等. 上海市大气质量与国内外城市的比较研究[J]. 能源研究与信息, 2003, **19**(3):165-171.

[8] 张国琏,甄新蓉,谈建国,等. 影响上海市空气质量的地面天气类型及气象要素分析[J]. 热带气象学报, 2010, **26**(1):124-128.

[9] 环境保护部. GB 3095—2012 环境空气质量标准[S]. 北京:中国环境科学出版社,2012.

[10] 环境保护部. HJ 633—2012 环境空气质量指数(AQI) 技术规范[S]. 北京:中国环境科学出版社,2012.

[11] 吴兑,吴晟,陈欢欢,等. 珠三角 2009 年 11 月严重灰霾天气过程分析[J]. 中山大学学报（自然科学版）,2011,**50**(5):120-127.

Review on the Air Quality over Shanghai Area in 2013

CAO Yu[1,2]　　*MA Jinghui*[1,2]

(1 *Shanghai Center for Urban Environment Meteorology*，*Shanghai*　200135；
2 *Shanghai Key Laboratory of Health*，*Shanghai*　200135)

Abstract

The air quality of Shanghai in 2013 is analyzed in this study. The AQI space—time distribution rule and different weather situations during air pollution are discussed using the air quality index (AQI) data as well as synoptic meteorological factors. The results show that：1) The air quality attainment rate of Shanghai is 67% in 2013，which decreases compared to that in 2012；2) Fine particulate matter (PM$_{2.5}$) and 8 h moving average ozone pay the biggest contribution to air quality in Shanghai，which has obvious seasonal characteristics；3) Weather situation plays an important role in the air pollution levels，and the uniform pressure field is the main air pollution synoptic system during April to June；Then the cold high pressure and cold front situation are the main air pollution synoptic system during November to December.

影响 1211 号强台风"海葵"路径的环境系统分析和大风圈尺度划分及预报检验

王　琴　陈　义　黄宁立

（上海海洋中心气象台　上海　201306）

提　要

本文首先通过对 2012 年第 11 号强台风"海葵"的环境场演变来探讨其登陆纬度高、强度强及影响范围大的特点。其次用上海海洋中心气象台提供的 4 个浮标站和 2 个潮位站数据，对中央气象台的台风尺度划分、上海台风研究所中尺度区域模式（WARMS，9 km）的风廓线预报和风暴潮模式的增水预报进行对比分析，得到结论如下：①中央气象台对"海葵"登陆前后的 7 级风圈半径划分较准确，而 10 级风圈半径划分略偏大；②WARMS 单站风廓线 6 h 预报效果较好，能准确地刻画出台风低层的垂直风结构分布，并能较好地反映出地面风力影响情况和最强影响时段；通过多站点的风廓线预报对比分析能较好地把握台风位置，对判别各业务预报中心台风定位结果的准确性有一定的辅助意义；③风暴潮模式的 6 h 增水预报准确性较高。

关键词　"海葵"风圈半径　风廓线预报　风暴增水　模式预报检验

0　引　言

台风是急性自然灾害中对人类伤害最为猛烈的灾种之一[1]。台风过境往往会带来狂风、暴雨、风暴潮等一系列灾害，导致人员伤亡、房屋倒塌、基础设施被破坏等严重危害及经济损失。环境场的演变对台风路径的变化具有决定性的作用，如何准确把握影响因子是台风路径预报的关键。对台风影响区域内观测数据的分析能直接反映出台风的实际状态，据此检验和了解模式预报性能；对评定台风大风圈尺度划分也具有指示意义。台风的大风圈往往是灾害发生最严重的区域，方建等[2]在《台风灾害评估信息系统设计与开发》中提出的系统核心模块，就是基于 miler 模型评估台风影响范围的技术路线以模拟台风大风圈半径为前提的台风灾害评估。由于我国海岸线漫长，夏秋之时，东南沿海频遭台风袭击，台风风暴潮时常发生[3]，我国是西北太平洋沿岸国家中风暴潮灾害发生次数最多、损失最严重的国家[4]。因此，台风风暴潮模式的预报效果好坏对于防灾减灾工作意义非凡。

资助项目：上海市气象局面上项目（MS201409）。

作者简介：王琴（1986—），女，江苏人，工程师，从事海洋气象预报技术研究；

　　　　　E-mail：ll_ml@sohu.com。

本文以强台风"海葵"为例,分析其生命史中 3 个不同阶段的环境场演变对其路径的影响;其次,利用上海海洋中心气象台提供的 4 个浮标站和 2 个潮位站数据,对中央气象台的台风尺度划分、WARMS(9 km)的风廓线预报和风暴潮模式的风暴增水预报进行对比分析,探讨海上观测资料对台风模式预报检验的重要性。

1 强台风"海葵"影响概述

2012 年第 11 号热带气旋"海葵"于 8 月 3 日 08 时(北京时,下同)在菲律宾以东洋面上生成,前期以西行为主。8 月 5 日夜间移入东海后减速西行,同时强度迅速加强。7 日逐步转为西北行,在我国近海加强为强台风。8 日凌晨登陆浙江象山县鹤浦镇,登陆后强度减弱为台风。其后缓慢西北行,进入安徽境内停滞少动,于 24 h 后消亡。

强台风"海葵"登陆时强度强且登陆点偏北,使长三角地区遭受不同程度的风、雨、浪的影响。据统计,上海全市受"海葵"台风影响,8 月 7 日 20 时至 8 日 20 时普降大暴雨,全市 11 个标准测站日平均降水量为 127.9 mm,位列 1961 年以来受台风影响的强降水第 4 位,其中,嘉定单站日降水量为 205.6 mm,为该站 1961 年以来历史次高值。上海沿海则以风力和风暴潮影响为主,据统计,上海沿海的浮标站测得 8 级及以上大风持续时间最长为 46 h(东海浮标测得),最短也达到了 18 h(长江口灯船测得);浮标站测得最大阵风为 12 级,海岛站测得最大阵风为 14 级;同时上海东部沿岸的风暴增水普遍达到 50~70 cm。

归纳"海葵"的特点主要是:近海强度强、登陆纬度高、风暴增水明显、影响范围广。

2 环境场演变分析

热带气旋"海葵"移入东海后的活动主要分为 3 个阶段。

(1)阶段一:缓慢西行

前期副高脊线位于 35°N 附近,"海葵"受其南侧偏东气流引导,以西行为主。随着日本上空低压槽加强,槽底向西南方伸入,海上副高与大陆副高逐步断裂,同时海上副高在西风槽的影响下开始南移,而大陆高压形成阻塞形式,两高两低形成鞍形场,致使"海葵"减缓西行速度(图 1a,b)。

(2)阶段二:折向西北行

随着强西风槽进一步东移,同时在 130°E 附近又有第 12 号热带气旋"鸿雁"活动,使得南移的海上副高有了向西发展的趋势,而同时大陆高压随着西风系统东移,两高的外圈环流有所打通,致使引导"海葵"的东南气流加强,台风折向西北行,直至登陆(图 1c)。

(3)阶段三:少动消亡

登陆后,"海葵"继续维持西北行,但与此同时,其西侧新一环大陆高压开始加强,贝加尔湖上空的低涡也有所加强,而"海葵"东侧的两环副高逐步合并,新的鞍形场形成,引导气流再度减弱,加上陆地的摩擦作用,致使"海葵"移动非常缓慢,进入安徽境内少动直至消亡(图 1d)。

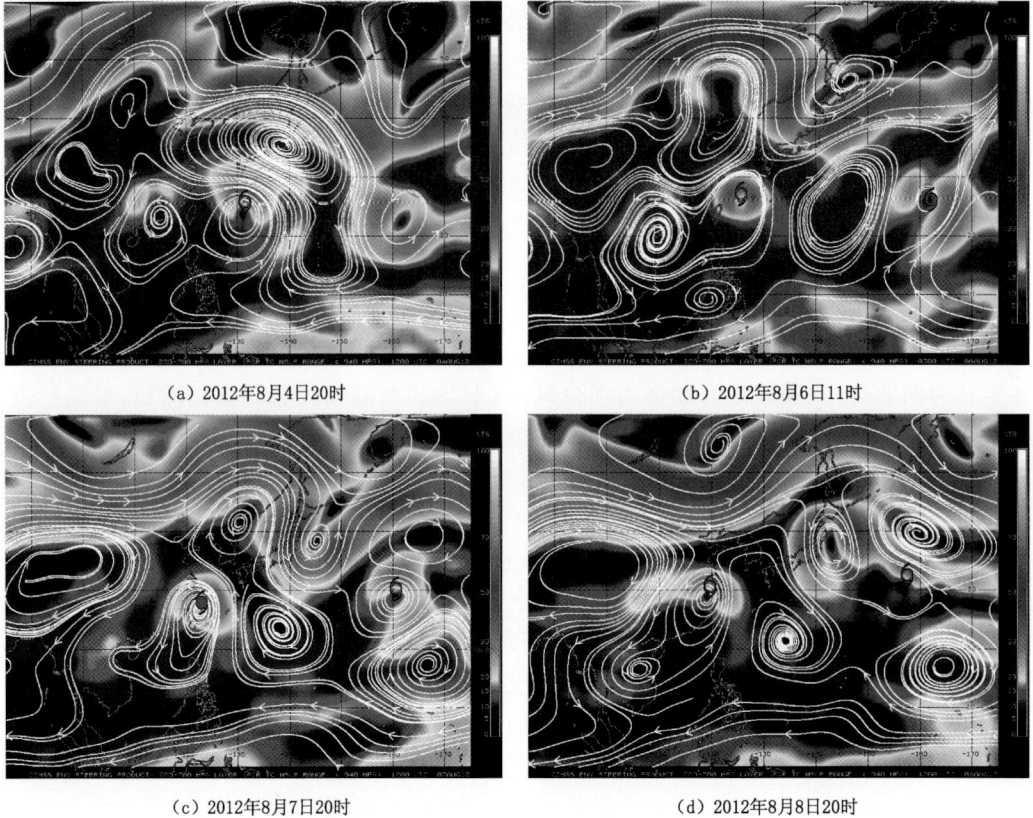

(a) 2012年8月4日20时　　　　　　　　　　　(b) 2012年8月6日11时

(c) 2012年8月7日20时　　　　　　　　　　　(d) 2012年8月8日20时

图1　2012 年 8 月 4—8 日气象卫星合作研究所(CIMSS)200～700 hPa 平均流场图

3　大风圈尺度划分与预报检验

热带气旋"海葵"在东海近海发展强盛,登陆前更是维持强台风的级别,登陆后给华东中部沿海造成严重的风、雨、浪影响,是近 10a 来仅次于强台风"麦莎"的影响。区域中尺度模式 WRAMS(9 km)和风暴潮模式都对其影响过程进行了精细化预报,我们利用沿海的观测资料对台风登陆前后的大风圈尺度、风力、风暴潮增水的分析预报进行对比检验,从而考查数值模式对此次过程的预报效果。

3.1　大风圈尺度检验

强台风"海葵"于 2012 年 8 月 8 日凌晨在浙江省象山县鹤浦镇登陆(图 2),根据中央气象台定位信息,"海葵"登陆前后其 10 级风圈半径由 180 km 减小到 160 km(表 1),我们利用 4 个浮标站的实测数据分别对 8 月 8 日 02 时、05 时和 08 时 3 个时刻的台风大风圈半径划分进行对比检验。根据计算站点到台风中心的直线距离可以得到(表 1):4 个站点均位于"海葵"7 级风圈内,其中东海浮标(简称 Dh)和长江口灯船(简称 Cjk)都处在"海葵"10 级风圈外,而海礁浮标(简称 Hj)在 05 时位于台风 10 级风圈外约 5 km 处,是最接近的时刻;航道浮标(简称 Hd)05 时处在 10 级风圈半径上,08 时位于 10 级风圈外约 8 km 处;对比实测数据可以看到,Dh 和 Cjk 测得过程最大阵风均小于等于 8 级,而 Hj 在 05

时测得风力最大,近 9 级风,唯一显示进入 10 级风圈的 Hd 浮标测得最大阵风为 22.9 m/s,
且 08 时的风力略大于 05 时,但都未达到 10 级。由此可知,对强台风"海葵"7 级风圈半径
划分较准确,而 10 级风圈半径划分略偏大。

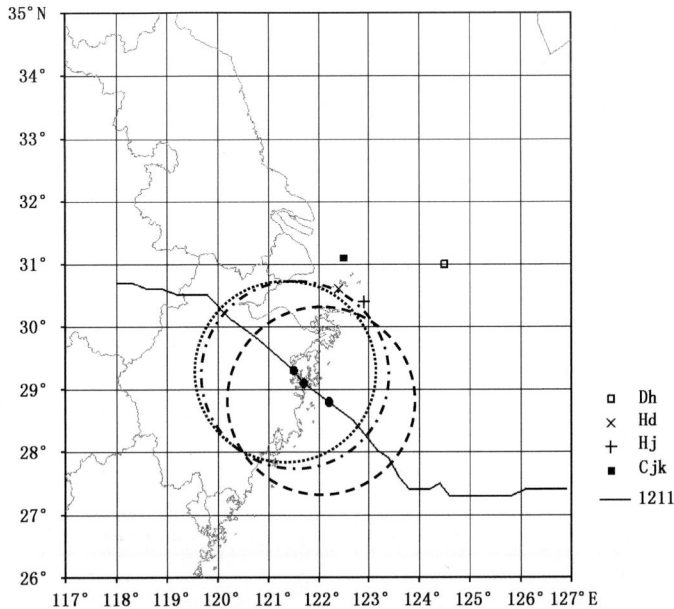

图 2 "海葵"台风近海路径、浮标站点分布及 2012 年 8 月 8 日 02 时(虚线圆)、
05 时(点虚线圆)、08 时(点线圆)台风 10 级风圈半径示意图

表 1 台风的风圈半径及其中心离各浮标站直线距离(距离单位:km;风速单位: m/s)

时间	10 级风圈半径	7 级风圈半径	距 Hj 距离/实测风速	距 Hd 距离/实测风速	距 Dh 距离/实测风速	距 Cjk 距离/实测风速
8 日 02 时	180	400	190.3/15.4	201.1/20.4	330.1/16.1	257.4/17.8
8 日 05 时	180	400	185.2/19.5	179.9/22.4	342.4/15.6	235.3/14.7
8 日 08 时	160	400	182.2/18.8	168.6/22.9	344.9/13.4	222.0/16.1

3.2 风廓线预报的应用与检验

利用青浦站的风廓线雷达实测资料(图 3)与 WARMS 模式的风廓线预报(7 日 20 时
起报;图 4)对台风越过该站同经度的过程进行对比分析。可以看到,实测的最大偏东风
出现在 1000~1500 m,出现的时间为 12 时前后(即台风越过同经度的时间);从风廓线预
报可以看到,最强的偏东风出现在 850 hPa 附近,而低层东北风转东南风的时间约在 11
时前后,可见预报与实况基本吻合。在假设模式对台风路径预报接近实况的条件下,通过
应用单站的风廓线预报能较为准确地预计出台风对该站的最强影响时段,也能对台风低
层的垂直风结构分布有所了解。

强台风"海葵"登陆点的纬度约在 29°N,我们试图从风廓线预报上来验证这一点。利
用两个浙江沿岸的站点 H3 站(30°N,122.5°E)和温州站(27.9°N,120.7°E)的风廓线预报
(见图 5,图 6;站点分布见图 7)对比分析可以看到:在 7 日 20 时—8 日 14 时,H3 站低层

风向的转变呈顺时针旋转,而温州站风向呈逆时针旋转,这说明了台风很有可能是从两站之间穿过,从后期实况检验来看,预报与事实相符。因此,利用多站的风廓线预报对台风的定位也有一定的辅助作用。

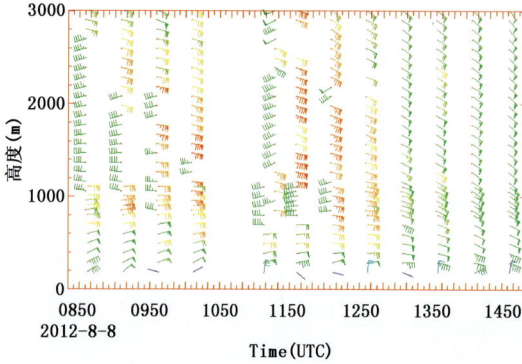

图3 2012年8月8日09—15时青浦站风廓线雷达实测资料

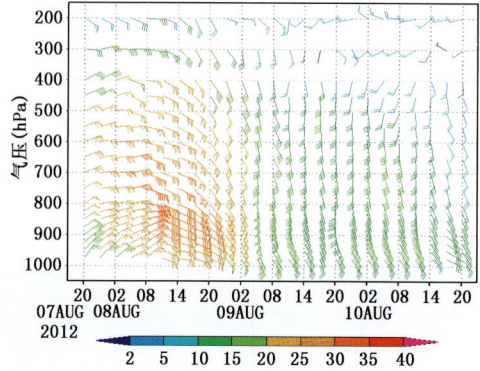

图4 7日20时起报的青浦站风廓线72 h预报

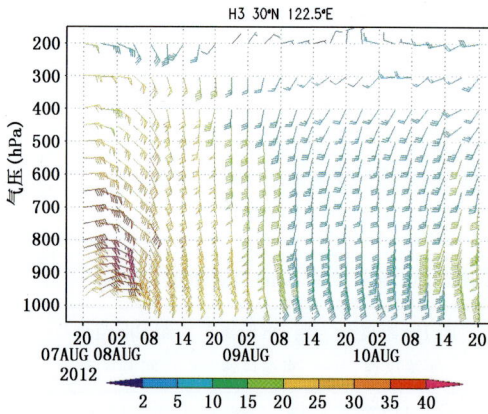

图5 7日20时起报H3站风廓线72 h预报

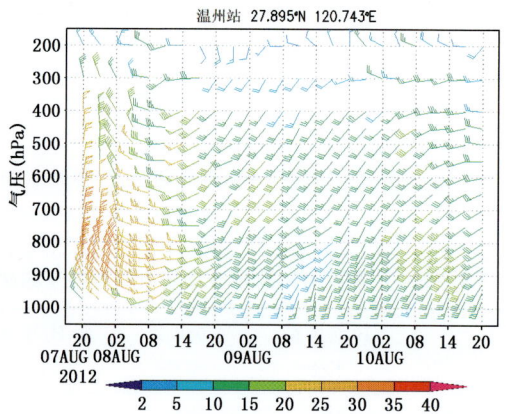

图6 7日20时起报温州站风廓线72 h预报

图7 WARMS风廓线预报站点分布图

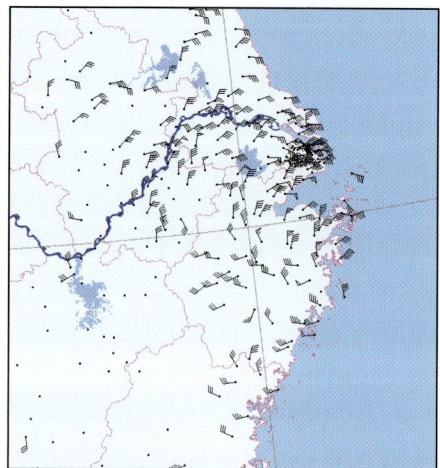

图8 2012年8月8日02时地面风场实况

为检验近地面风速预报的情况，从实况观测（图 8）可以看到，8 日 02 时 H3 站的东北风风速达到 28 m/s，温州站西南风约为 14 m/s，对比风廓线的对底层风力的预报可以看到，与实测情况基本一致。由此可知，此次台风登陆前 WARMS 区域模式 7 日 20 时起报的 6 h 风力预报效果较好。

3.3 风暴潮预报检验

受强台风"海葵"影响，上海沿岸的风暴增水明显。我们利用 2 个潮位站实测数据（图 9）和该海域同一时段的天文潮高潮位数据（表 2）按公式"风暴增水＝实测高潮位－天文潮高潮位"对台风风暴潮增水预报进行检验。计算得到鸡骨礁和南槽东站附近海域实际风暴增水分别为 42 cm 和 69 cm；由风暴潮模式 7 日 20 时起报的 6 h 预报可见（图 10），8 日 02 时长江口主航道外海域的风暴增水为 40～50 cm，南槽海域的风暴增水为 60～70 cm，这与实际计算得到的数据一致，说明该 6 h 预报的准确性较高。

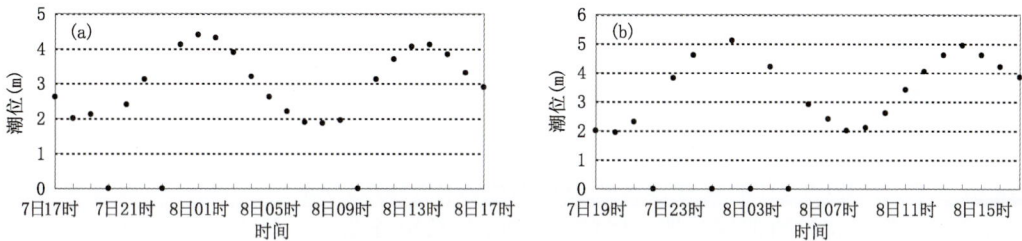

图 9　2012 年 8 月 7—8 日鸡骨礁（a）和南槽东（b）潮位站 1 h 间隔的实测潮位变化
（单位：m；零值代表缺测）

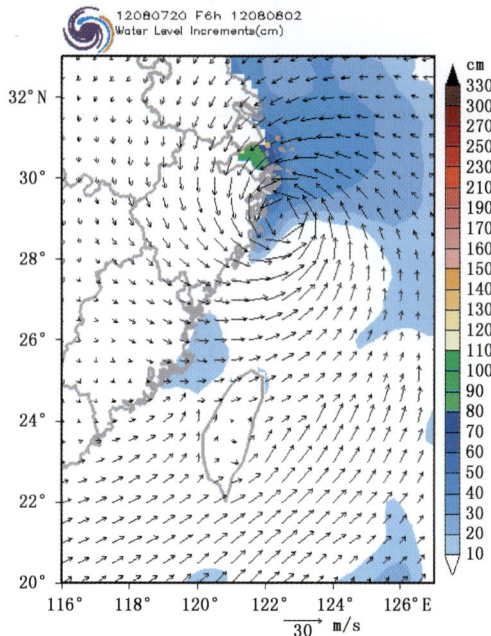

图 10　风暴潮模式 2012 年 8 月 7 日 20 时起报的 6 h 增水（彩色阴影）和海面风矢
6 h 预报（黑箭头，图右下方为 30 m/s 单位矢量）；长江口外南槽东（黄色点）和鸡
骨礁（粉色点）潮位站地理位置图

表 2　2012 年 8 月 8 日凌晨鸡骨礁和南槽东潮位站的高潮位

潮位站	天文潮高潮位(cm)
鸡骨礁	402
南槽东	446

4　总结

本文首先通过对 2012 年第 11 号强台风"海葵"的环境场演变探讨了其登陆纬度高、强度强及影响范围大的特点。受强西风槽影响，海上副高南落；同时受到第 12 号热带气旋"鸿雁"活动影响，使得副高西移，导致"海葵"在较高纬度受强东南气流引导而登陆，强度强。登陆后，新的鞍形场的建立，使得"海葵"停滞少动，造成对长三角大范围的影响。

其次，利用上海海洋中心气象台提供的 4 个浮标站和 2 个潮位站数据，对中央气象台的台风尺度划分、WARMS 模式的风廓线预报和风暴潮模式的增水预报进行了对比分析，得到如下结论：①中央气象台对"海葵"登陆前后的 7 级风圈半径划分较准确，而 10 级风圈半径划分略偏大；②WARMS 单站风廓线 6 h 预报效果较好，能准确地刻画出台风低层的垂直风结构分布，并能较好地反映出地面风力影响情况和最强影响时段；通过多站点的风廓线预报对比分析能较好地把握台风位置，对判别各业务预报中心台风定位结果的准确性有一定的辅助意义；③风暴潮模式的 6h 增水量预报准确性较高。

参考文献

[1] 陈联寿. 热带气旋研究和业务预报技术的发展[J]. 应用气象学报，2006，**17**(6)：672-681.

[2] 方建，徐伟，史培军. 台风灾害快速评估信息系统设计与开发[J]. 北京师范大学学报，2011，**47**(5)：517-521.

[3] 赵庆良，许世远，等. 沿海城市风暴潮灾害风险评估研究进展[J]. 地理科学进展，2007，**26**(5)：32-40.

[4] 叶琳，于福江. 我国风暴潮灾的长期变化与预测[J]. 海洋预报，2002，**19**(1)：89-96.

Analysis of Impaction of Typhoon Haikui(1211) and Observation-Forecast Verification

WANG Qin[1]　*CHEN Yi*[1]　*HUANG Ningli*[1]

(*Shanghai Marine Meteorological Center*, *Shanghai*　201306)

Abstract

The evolution of the flow fields of typhoon Haikui is firstly discussed to explain its landing characteristics. Data from four buoy stations and two tidal stations provided by SMMC are used to examine the CMA and STI(WARMS, 9 km) forecast results. The conclusions are as follows: 1) The seven-grade wind circle radius of typhoon Haikui divided by CMA is correct, but the grade ten is bigger than actual situation; 2) The performance of WARMS single—station wind profile 6 h forecast is good. It can display the low-level vertical wind distribution of typhoon Haikui correctly and also can reflect the impaction of surface wind clearly. Through combining wind profile forecasts of several stations, the center of the typhoon can be easily captured. It is helpful to examine different typhoon located model's performance; 3) The 6 h forecast of the storm surge model of WARMS performs well in this case.

冷空气入侵与 1323 号强台风"菲特"登陆上海期间降雨增幅关系的初步分析

田洪军　施春红　王海宾　陈永林

（上海中心气象台　上海　200030）

提　要

通过对 1323 号强台风"菲特"天气过程分析发现：登陆台风"菲特"造成的上海地区特大暴雨可分为两个阶段，第一阶段主要是"菲特"外围螺旋云带形成的强降雨，第二阶段是弱冷空气从 850 hPa 以下侵入减弱的"菲特"低压环流，使得冷暖气流在上海地区交汇，导致边界层能量锋区明显加强，从而激发中尺度对流系统的发生，使得降雨突然增幅，加之"菲特"以东的 1324 号台风"丹娜丝"北侧偏东气流的输入，使水汽条件得到保障，有利于强降雨的长时间维持。同时，"菲特"登陆时和"丹娜丝"的双台风"藤原效应"，使得减弱的台风"菲特"出现打转、西折，其北侧螺旋云带不断诱发出中尺度低压，影响上海地区。而在常规预报中，往往会把登陆台风本体所引发的强降雨作为预报重点，而容易忽略后期冷空气与减弱台风低压环流结合造成的强降雨天气。

关键词　台风暴雨　双台风　冷空气入侵

0　引　言

台风暴雨是影响我国最为严重的灾害天气之一，而对台风暴雨的预报一直是国内外讨论的重点，也是预报的难点。陈联寿等[1]指出，冷空气对台风降水的影响主要表现为增强位势不稳定、加大低空辐合及抬升作用、提供斜压能量、产生极锋诱生气旋使台风变性和使台风减弱填塞作用。冷空气侵入台风的强度和位置不同，对降水影响差异较大。低层适度冷空气的入侵有利于台风强降水发生[2]。登陆台风暴雨往往与中纬度西风带天气系统的影响有关[1,2]。目前已经有许多研究人员从中低纬相互作用特别是西风槽波动、低空急流及副热带高压之间的配置方面进行了天气学分析[3-8]；陶祖钰等[9]研究表明，具有不对称结构的台风在登陆后始终位于 200 hPa 高空副热带急流入口区右侧的强辐散区的下方，因而在登陆后能长期维持，并在台风东北侧存在强上升运动，造成大范围的暴雨和大风天气。；游景炎等[10]研究发现，α 中云团内的中尺度扰动现象明显。其中有 β 中东风切变线扰动先后出现 3 次以上；β 中低压先后出现 2 个以上。β 中系统均伴随强雨团活

资助项目：上海市基础研究项目（11ZR1433300）。

作者简介：田洪军(1974—)，男，黑龙江鹤岗市人，工程师，从事暴雨、台风等预报工作及相关领域的研究；
　　　　　E-mail：thjnim@163.com。

动;何立富等[11]通过对北上台风的研究发现,台风"麦莎"外围暴雨与台风环流场、热力场的不对称结构有关,台风东侧和北侧的积云对流较为旺盛,500 hPa 强上升运动区与台风外围暴雨区有较好的对应关系。台风非对称结构和暴雨落区有着密切关系;张兴强等[12]通过对正斜压不稳定分析得出,远距离台风暴雨是正/斜压联合不稳定的产物,斜压不稳定的增强与高空急流密切相关;黎清才等[13]研究发现,暴雨突然增幅的直接原因是高层冰云与低层供水云的突然北移重叠造成的。受地面倒槽附近强烈辐合抬升的动力作用,各相态云系的分布与垂直运动紧密相关;云的相变潜热非绝热加热作用对暴雨的增幅及维持具有正反馈作用,它对暴雨维持具有积极贡献。证实西风带系统与台风共同作用的暴雨区具有明显的斜压性,斜压能量可能是登陆台风剩余低压在陆上长时间维持的另一种能量;关于登陆台风长久维持和暴雨突然加强的机理方面的研究还有多种不同的观点。励申申等[14]认为,登陆台风衰减速度的快慢与环境大气的动能和位能输送有关,环境大气提供能源可能是台风暖性低压维持不消的重要原因,台风的东南风急流气旋式旋转向内辐合,它是为台风扰动的维持提供动能源的重要系统;丁治英等[15]提出,台风暴雨的增幅过程与台风γ中尺度重力惯性波的发展、传播,非均匀层结的分布及积云对流潜热反馈有关。大尺度非线性平流项的作用激发出大尺度的重力惯性波,积云对流潜热加热作用导致非地转风场扰动大大加强,从而使重力惯性波波幅加大,上升运动增强,暴雨加大。当重力惯性波向稳定度减小的方向传播时,波能量最易加强。这些研究从不同方面加深了人们对台风暴雨形成机理的认识,有助于提高台风暴雨的业务预报水平。

1323 号强台风"菲特"在上海引发的灾害性特大暴雨,影响范围大,持续时间长;"菲特"在北上的过程中,由于双台风的作用,其登陆后一度出现打转和西折,使得台风路径预报变得复杂;雨带的先西进后东移,同时降雨的二次突然增强,使得强降雨预报难度加大,因此本文主要从 1323 号强台风"菲特"与 1324 号台风"丹娜丝"互旋,以及西风槽东移带来的弱冷空气中低层侵入的角度,试图揭示出强台风"菲特"造成上海地区特大暴雨的基本成因。

1 天气特征分析

1.1 第一阶段:"菲特"螺旋云带形成的暴雨

2013 年第 23 号热带风暴"菲特"(Fitow)于 9 月 30 日 20 时在菲律宾以东洋面生成。生成时中心位于北纬 13.9 度、东经 132.5 度,中心附近最大风力 8 级(风速 18 m/s),中心最低气压 1000 hPa。"菲特"于 10 月 1 日 17 时在西北太平洋洋面上加强为强热带风暴,10 月 3 日凌晨加强为台风,并于 10 月 4 日下午加强为强台风。10 月 7 日 01 时 15 分"菲特"在福建省福鼎市沙埕镇沿海登陆,登陆时中心附近最大风力为 14 级(风速 42 m/s),中心最低气压为 955 hPa。之后于 10 月 7 日 03 时减弱为台风,04 时减弱为强热带风暴,05 时减弱为热带风暴,09 时在福建省建瓯市境内减弱为热带低压。在此期间,1324 号强热带风暴"丹娜丝"于 4 日生成,5 日 14 时位于温州市东南方向约 2290 km 的西北太平洋洋面上,发展成强热带风暴,并以每小时 25 km 左右的速度向西北方向移动,强度继续加强。

从 6 日 08 时 500 hPa 高空图上可以看出西风槽位于 110°E 附近,副高主体位于日本以东洋面,副高脊线位置较偏北,且稳定少动,不利于台风北上转向(图1);到了6日20时,500 hPa西风槽东移至河套地区东部,且东移过程中有所加深,700 hPa槽线与500 hPa相距很近,近乎重合,正压性较强,低空850 hPa上有支较强的偏东急流沿副高西侧伸向江西中北部(图2),西风槽东移过程中受到稳定少动副热带高压阻挡,移速减慢,并向东北方向收缩,减弱北缩的西风槽不利于1323号台风在西风槽前北上转向,这使得1323号台风"菲特"登陆的可能性进一步加大,台风"菲特"在副高南侧东南风引导下继续向西北方向移动,登陆形势基本明朗。7日凌晨01时15分台风"菲特"在福建省福鼎市沙埕镇沿海登陆。在台风"菲特"登陆前,其外围螺旋云带已经开始陆续影响华东中南部地区,从上海南汇多普勒雷达反射率因子上看,影响上海的最早时间是在10月6日00时左右(图3),第一条螺旋云带到达上海南部地区,此时850~500 hPa上基本以东到东南风为主,风场的垂直切变性不强,对强对流天气的发生不是很有利,上海基本还是以阵性降雨为主,到了6日08时,不断有台风"菲特"外围云带向西北方向移动,上海降水趋于明显(图4)。

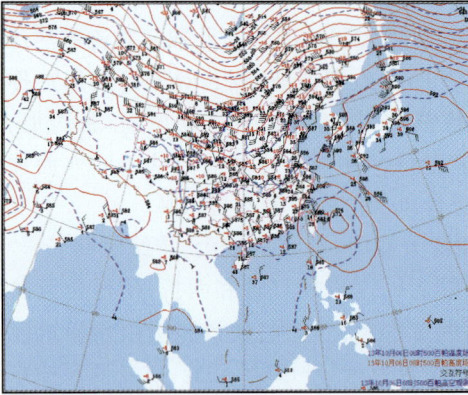

图1　2013年10月6日08时500 hPa高空图

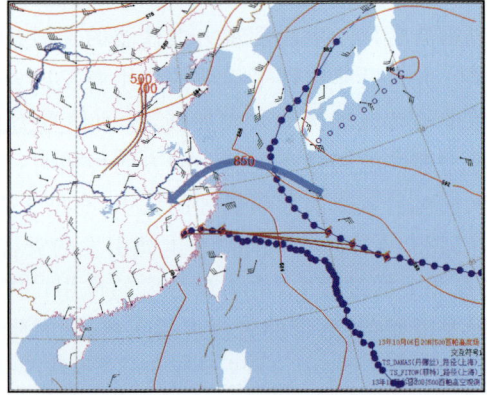

图2　2013年10月6日20时综合图

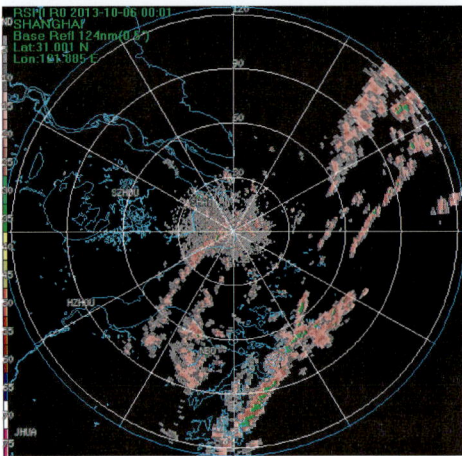

图3　2013年10月6日00时南汇雷达基本反射率图

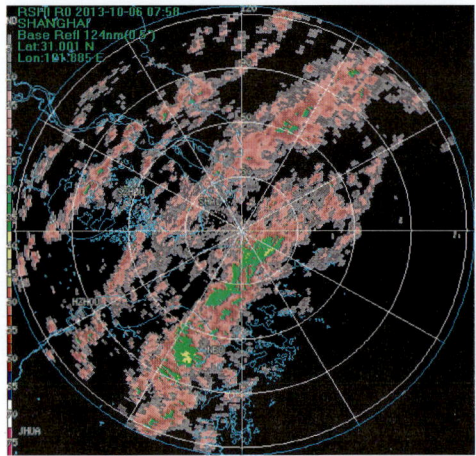

图4　2013年10月6日08时南汇雷达基本反射率图

　　4日生成的1324号台风"丹娜丝"生成位置较偏北,且在副高南到东南风的引导下向北到西北方向移动,"丹娜丝"的北上不利于副高往西南伸展及向西南移动。此时"菲特"

和"丹娜丝"形成的双台风"藤原效应"开始显著(图2),双台风的互旋使得登陆后的"菲特"的路径先是打转,然后向西南方向偏折。

1323号强台风"菲特"登陆后强度迅速减弱,减弱散开的螺旋云带开始大范围影响华东中南部地区,从7日08时卫星云图上看(图5),"菲特"北侧的螺旋云带向西北方向移动时,螺旋云带上有较强的中尺度对流云团发展,对流云团最强主体位于浙江中北部,从7日08时南汇雷达基本反射率图上看,基本反射率因子达到了50 dBz(图6),上海也受此影响,降雨量逐时增加,第一阶段强降水是从5日20时至7日20时,上海市自动站超过暴雨强度等级的站点有99个,其中23个站超过了100 mm(图7)。

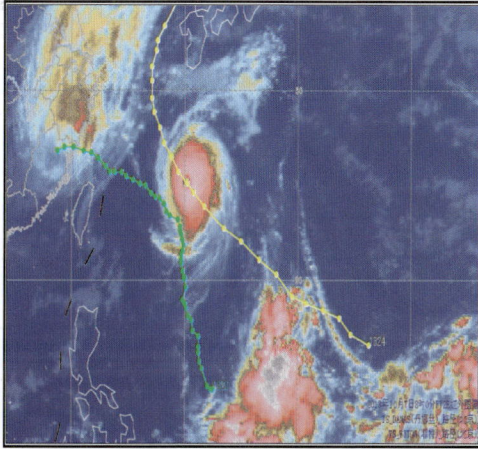

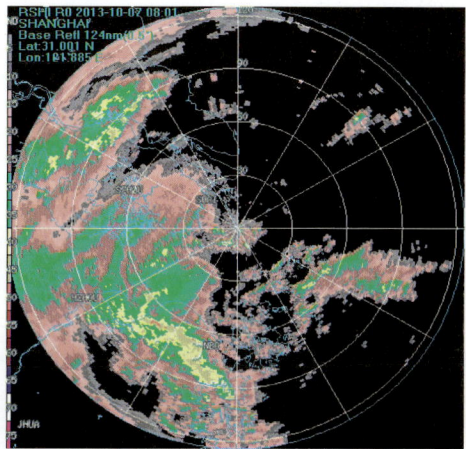

图5 "菲特"和"丹娜丝"路径和7日08时红外云图　图6 2013年10月7日08时南汇雷达基本反射率图

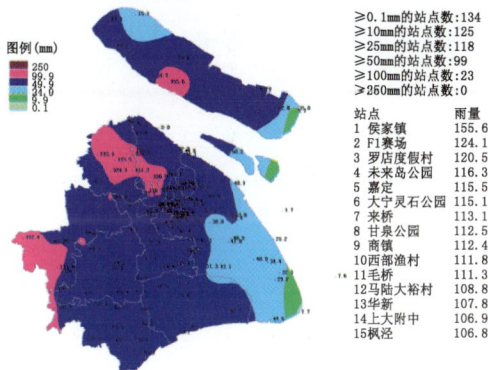

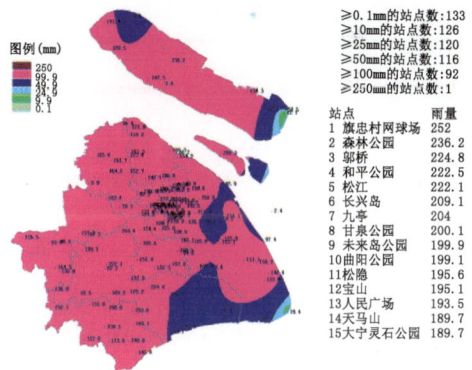

图7 2013年10月5日20时—7日20时累计降水量　图8 2013年10月7日20时—8日20时累计降水量

1.2 第二阶段:弱冷空气侵入导致降雨强度大幅增加

第二阶段强降水是从7日20时至8日20时,上海市超过暴雨强度等级的自动站有116个,其中99个超过了100 mm(图8)。

(1)弱冷空气从低层侵入低压环流

从7日20时500 hPa高空图上看(图略),北支槽已经东移至113°N附近,槽后西北气流自河套地区向南伸展至华东中南部,从低空24 h变温图上我们可以看到,弱冷空气沿华东中北部沿海扩散南下,10 月 8 日 08 时 850 hPa 的 24 h 变温图上显示,华东中北部地区为大范围负变温区,其中山东北部出现了−6℃的中心,而江苏南部到上海北部 24 h 变温也到达了−3℃(图 9),这种较明显 24 h 负变温在 925 hPa 上也可以看出,江苏南部到上海北部 24 h 变温也到达了−3℃,与 850 hPa 对应较好(图 10),而从低空 850 hPa 上看,控制华东中部的东北风急流明显增大,且已经与自山东半岛南下的北支弱冷空气结合,引导弱冷空气南下侵入"菲特"。这一点从 7 日 20 时至 8 日 08 时宝山站 T-logP 对比图上看更为明显:7 日 20 时低层 925 hPa 已经由偏东风逐渐转为东北风,且风力明显增大,到了 8 日 08 时 850 hPa 以下都转为偏北风,且风力较大,从 7 日 20 时开始,冷空气逐渐由低层扩散南下,到了 8 日 02 时前后,冷空气与"菲特"结合明显(图 11,图 12)。

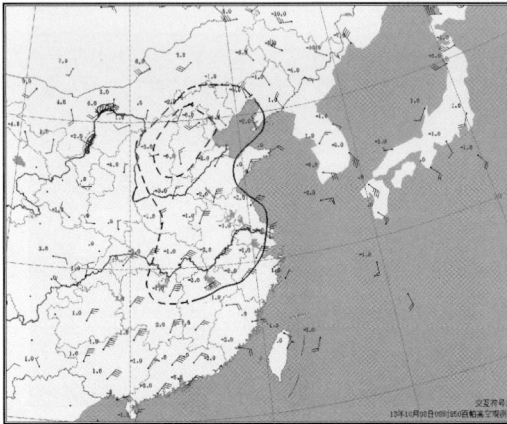

图 9   2013 年 10 月 8 日 08 时 850 hPa 24 h 变温   图 10   2013 年 10 月 8 日 08 时 925 hPa 24 h 变温

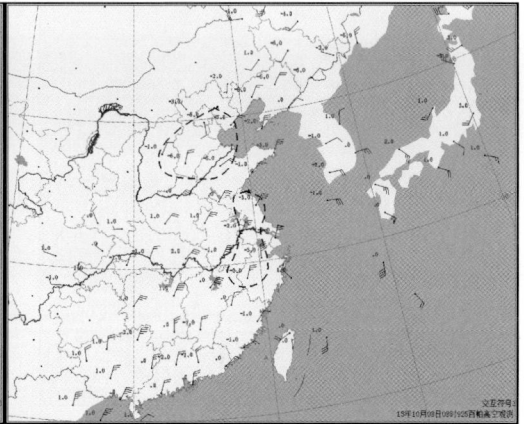

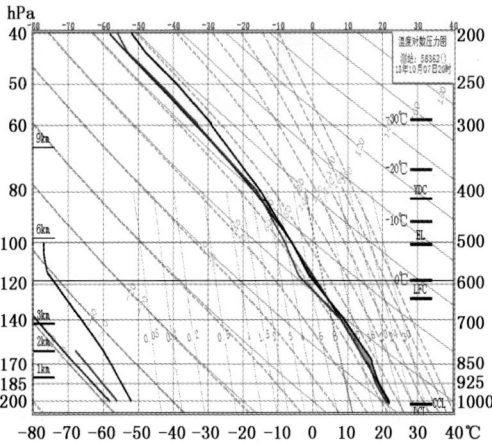

图 11   2013 年 10 月 7 日 20 时 T-logP 图   图 12   2013 年 10 月 8 日 08 时 T-logP 图

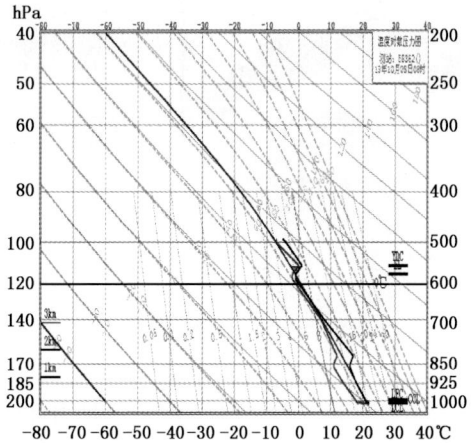

(2)低空侵入的弱冷空气使得大气斜压性增大,有利于中尺度对流云团生成

10 月 8 日 02 时起,弱冷空气从低空侵入,并与减弱低压环流北侧暖湿气流结合,使得暖湿气团进一步被抬升,斜压性加大,多个中尺度低压被诱发,这一点我们从 8 日 02 时地面图上可以清晰发现,弱冷空气从低层侵入后,在江西中部及浙江北部出现了 2 个较为明显的中尺度低压(图 13),与之相配合的雷达反射率图上有较强的中尺度对流云团发展,

图 13 2013 年 10 月 8 日 02 时地面图

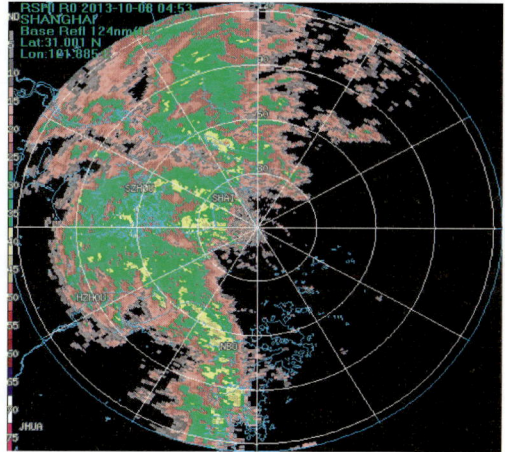

图 14 2013 年 10 月 8 日 04 时 53 分南汇雷达基本反射率

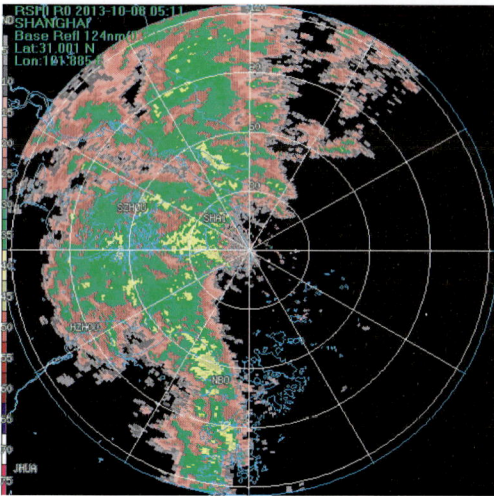

图 15 2013 年 10 月 8 日 05 时 11 分南汇雷达基本反射率

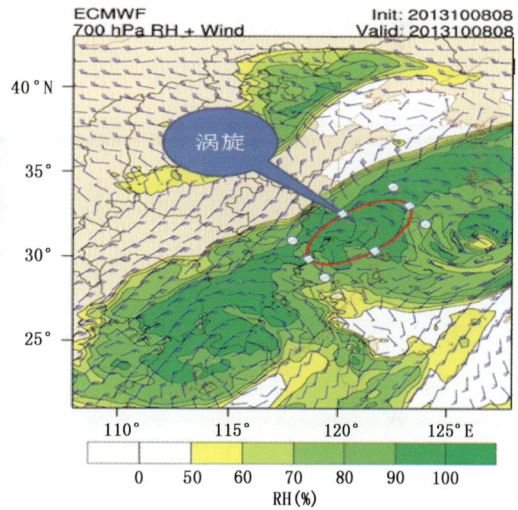

图 16 2013 年 10 月 8 日 08 时 700 hPa 分析场

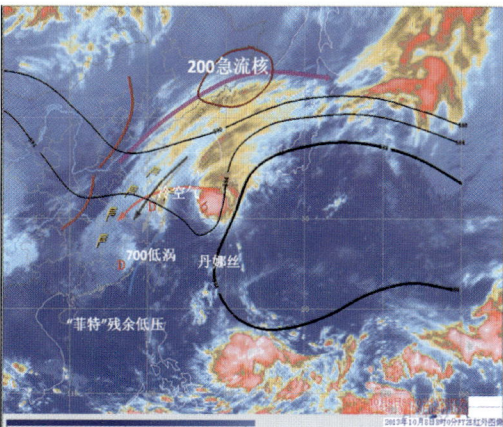

图 17 2013 年 10 月 8 日 08 时综合图

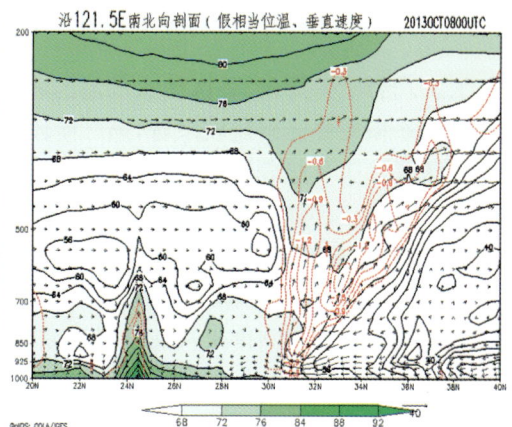

图 18 2013 年 10 月 8 日 08 时沿 121.5°E 经向剖面图

低压中心北侧对流云团发展旺盛,其中浙江北部和上海西南部都出现 45 dBz 的较强回波,且位置少动(图 14,图 15),到了 8 日 08 时,这种切变辐合已经在 700 hPa 上有所反映(图 16)。从 10 月 8 日 08 时综合图上我们可以了解高低空配置情况,200 hPa 急流核位于台风"菲特"北侧,上海处于 200 hPa 急流入口区右侧强辐散区的下方,低空 850 hPa 以下有一支较强的东北风引导弱冷空气从低空侵入,副高成块状稳定在 130°E 以东洋面上,不利于西风槽快速东移(图 17);为了更为直观分析弱冷空气低空侵入后的大气垂直结构,我们沿 121.5°E 做一经向剖面,通过对假相当位温和垂直速度特征分析,我们发现:850 hPa 以下有一较明显弱冷空气沿东北—西南向侵入,与此同时,700 hPa 以上有较暖气流沿着弱冷空气向东北向爬升,冷暖气流交汇处(30.5°~33.5°N)有较强的垂直上升运动,为上海地区降雨的二次增强提供了非常好的动力条件(图 18)。

　　8 日 02—08 时,上海市出现了第二段较为集中的强降雨天气,从 7 日 20 时至 8 日 20 时,有 100 个自动站超过了 100 mm,个别站点如"旗忠网球"站到达了 260 mm(图略),从浦东凌桥风廓线图上(图 19),可以看到 8 日 04—06 时有明显低层东北气流的介入,此时段上海出现非常强的强降雨,松江地区 2 h 降雨量超过 100 mm。

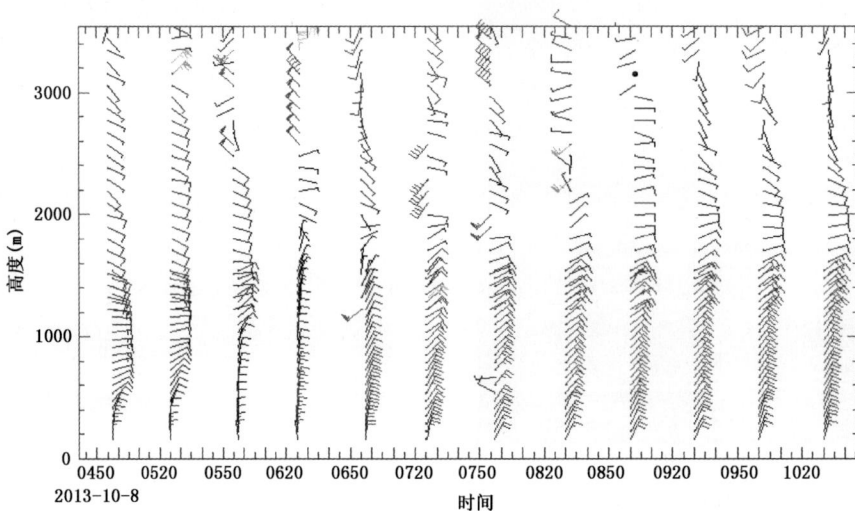

图 19　2013 年 10 月 8 日 04—10 时浦东凌桥风廓线图

1.3　台风"丹娜丝"外围偏东气流的卷入保证了水汽的充沛供应

　　从两个阶段强降雨比较来看,第二阶段弱冷空气的南下入侵,对"菲特"台风造成的灾害性特大暴雨天气起着至关重要的作用,然而我们分析发现,另一个不可忽视的条件就是水汽条件的供应。随着"丹娜丝"北上,其外围北侧的偏东气流已经伸展到华东中部,且风速较大,较强的偏东暖湿气流与风速较小的偏北气流正好交汇在长江口区附近,在上海地区形成"汇",这也有利于第二阶段大暴雨强于第一阶段"菲特"外围螺旋云带造成的强降雨。我们通过对不同高度水汽通量分析发现,"丹娜丝"北侧偏东气流的水汽输送主要体现在低层 850~925 hPa 上,850 hPa 都在 30 g/(cm · hPa · s)以上,925 hPa 更是达到了 40 g/(cm · hPa · s)以上(图 20),"丹娜丝"北侧低空急流的水汽输送为此次特大暴雨的维持起到至关重要的作用。

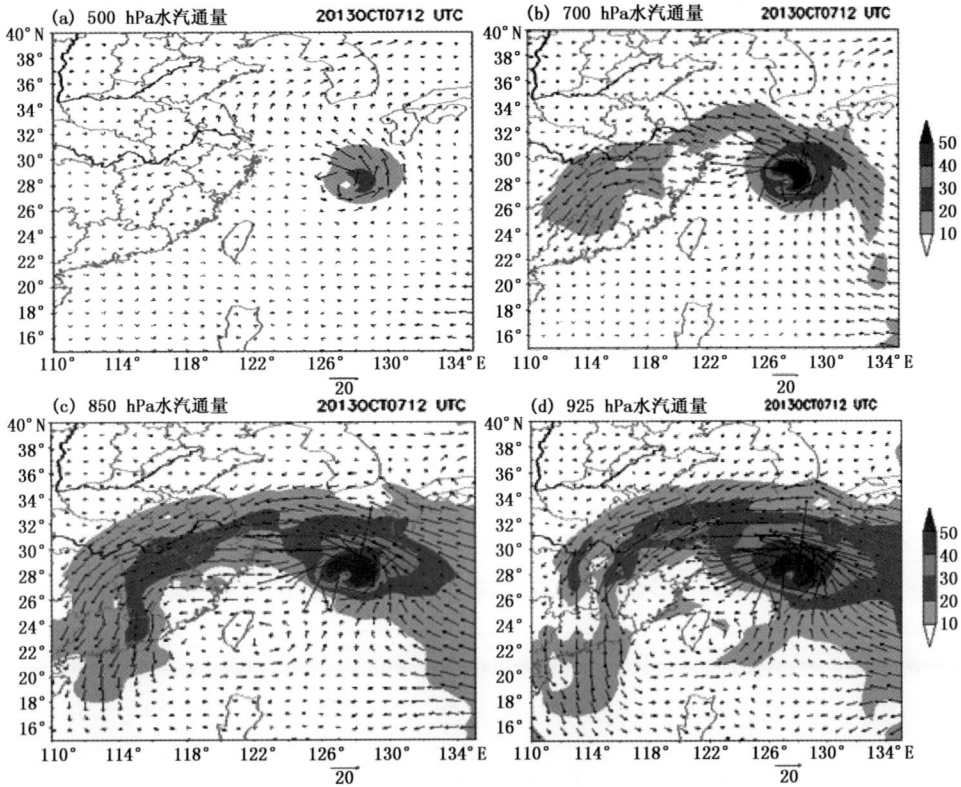

图 20 2013 年 10 月 7 日 20 时各等压面高度水汽通量(单位:g/(cm·hPa·s))
(a)500 hPa;(b)700 hPa;(c)850 hPa;(d)925 hPa

2 结论

造成上海地区特大暴雨的登陆强台风"菲特"有三大特点:①秋台风"菲特"强度强,云系范围广,外围螺旋雨带影响上海时间较长;②由于"丹娜丝"的存在,双台风作用明显,使得"菲特"登陆后出现打转、西南折;③弱冷空气从中低空侵入"菲特",使得大气斜压性增强,暖湿气团进一步抬升,诱发多个中尺度低压,从而导致降水强度明显加强;同时西风槽东移也使得西进的暴雨带后期转向东移,从而影响上海的时间变长,并造成上海地区此次特大暴雨。

另外,秋季冷空气开始活跃,秋季登陆台风与冷空气结合使得降雨的强度和落区变得异常。冷空气的侵入对降雨的增幅作用明显,但是冷空气的强度不能过强,否则减弱的低压环流会被迅速填塞、东移,导致降雨过程迅速结束;同时,没有被完全切断的"菲特"后部偏南暖湿气流和"丹娜丝"北侧外围偏东气流,为此次特大暴雨提供了充沛的水汽供应。因此,对于台风"菲特"在上海引起特大暴雨,弱冷空气入侵和持续不断的水汽供应缺一不可。

参考文献

[1] 陈联寿,丁一汇.西太平洋热带气旋概论[M].北京:科学出版社,1979,440-488.

[2] Chen Lianshou. Observations and forecasts of rainfall distribution[C]. 2006, Report on topic of sixth international workshop on tropical cyclones:36-42.

[3] 刘还珠.台风暴雨天气预报的现状和展望[J].气象,1998,**24**(7):5-9.

[4] 陈丽芳.相似台风"泰利"和"桑美"的数值模拟和对比分析[J].气象科技,2008,**36**(3):262-267.

[5] 张霞,王咏青,王君,等.台风海棠与中纬度系统相互作用对河南暴雨的影响[J].气象科技,2008,**36**(1):55-62.

[6] 陈小芸,黄姚钦,炎利军.台风倒槽局地性强降雨分析[J].气象科技,2004,**32**(2):71-75.

[7] 张建海,薛根元,沈桐立.台风 Rananim 数值模拟实验及其结构特征分析[J].气象科技,2006,**34**(4):370-375.

[8] 尹洁,王欢,陈建萍.强热带风暴碧利斯造成华南持续大暴雨成因分析[J].气象科技,2008,**36**(1):63-68.

[9] 陶祖钰,田伯军,黄伟.9216 号台风登陆后的不对称结构和暴雨[J].热带气象学报,1994,**10**(1):69-77.

[10] 游景炎,胡欣,杜青文.9608 台风低压外围暴雨中尺度分析[J].气象,1998,**24**(10):14-19.

[11] 何立富,尹疥,陈涛,等.0509 号台风"麦莎"的结构与外围暴雨分布特征分析[J].气象,2006,**32**(3):93-100.

[12] 张兴强,孙兴池,丁治英.远距离台风暴雨的正/斜压不稳定[J].南京气象学院学报,2005,**28**(1):78-85.

[13] 黎清才,王成恕,曹钢锋.登陆北上台风暴雨突发性增强的一种机制研究[J].大气科学,1998,**22**(2):199-206.

[14] 励申申,寿绍文.登陆台风维持和暴雨增幅实例的能量学分析[J].南京气象学院学报,1995,**18**(3):383-388.

[15] 丁治英,陈久康.台风中一α尺度重力惯性波的发展与暴雨增幅[J].热带气象学报,1996,**12**(4):333-340.

Preliminary Analysis on Enhancement of Landfall Typhoon Rainfall Caused by Invasion of the Cold Air into Binary Typhoons

TIAN Hongjun   SHI Chunhong   WANG Haibin   CHEN Yonglin

(*Shanghai Meteorological Center, Shanghai   200030*)

Abstract

Based on the analysis of the synoptic process of Severe Typhoon Fitow(1323), it is found that, the extraordinary storm process occurring in Shanghai area caused by Fitow can be divided into two stages. The heavy rainfall in the first stage was formed by Fitow's outer spiral cloud band; during the second stage, the weak cold air which invaded from below 850 hPa into the weakened low pressure circulation of Fitow, made the cold and warm currents meet at Shanghai area. The energy frontal zone in the boundary layer was strengthened obviously and triggered the mesoscale convection systems, which caused the sudden increase of the rainfall. Coupled with the import of the easterly wind from north of the Typhoon Danas (1324), the water vapor condition was ensured, which was beneficial to the long maintaining of the heavy rainfall. At the same time, the Fujiwara effect between Fitow and Danas during the landfall process of Fitow forced the weakened Typhoon Fitow to loop and westward—turn. The spiral cloud band at the northern side induced mesoscale convections continually, which affected Shanghai area. However, in the conventional prediction, the heavy rain caused by the typhoon itself is usually treated as the focus of forecast, and the strong rainfall caused by the interaction between the cold air and the weakened typhoon during the late stage is easily overlooked。

基于 WebGIS 技术的精细化格点
预报系统设计与实现

王海宾　范旭亮

（上海中心气象台　上海　200030）

提　要

针对上海大城市天气预报服务和精细化预报业务需求,借鉴美国的 GFE 和中国气象局的 MICAPS 系统,于 2013 年研究建成基于 WebGIS 技术的精细化格点预报系统。不同于目前的站点预报制作软件,精细化格点预报系统是基于格点订正的交互式图形预报制作平台,其核心功能模块包括数值模式指导产品、格点编辑工具库和产品自动生成。本文对图形化预报制作流程、格点预报系统的技术框架、软件开发环境及系统核心功能模块等设计内容进行了比较详细的介绍。目前,精细化格点预报系统已成为上海市气象局精细化天气预报业务的主要支撑平台,常态化制作发布 0～12 h（时间间隔为 1 h）、12～72 h（时间间隔为 3 h）格点预报产品,以及基于订正格点场产品的图片和乡、镇、重点功能区预报。

关键词　格点预报　图形化预报编辑　格点编辑工具箱　精细化预报　产品自动生成

0　引　言

随着乡镇级精细化要素预报将在市级气象部门展开,预报站点将达上百个,预报要素包括天气现象、风向、风速、气温、相对湿度、降水量等,预报时段为逐 3 h 或者逐 6 h,依赖传统的预报制作工具,预报员的工作量呈几何级数增长,将无法在有限的时间内完成如此巨大的预报订正工作。因此,开发以高时空分辨率数值模式为基础的精细化格点预报系统,逐步开展图形化预报编辑,就成为天气预报技术发展的必然需要。

美国于 2002 年开始逐步开展格点化预报,基于图形预报编辑器（graphical forecast editor,简称 GFE）[1],通过人机交互进行高效和自动化的预报制作和发布工作,减轻了预报员劳动量。2005 年起,澳大利亚气象局启动下一代预报预警系统（next generation forecast and warning system,简称 NexGenFWS）项目[2],选定 GFE 作为主要引进和二次开发对象,通过订正后的格点预报场自动解析、识别、生成和发布各种类型（文本、PDF、图片、声音等）的预报产品。

格点化预报技术是实现预报精细化和集约化最为关键的技术,通过借鉴美国图形化格点预报编辑器（GFE）[1,2]和中国气象局的气象信息综合分析处理系统（MICAPS）[3]设

作者简介:王海宾（1979－）,男,山东莱阳人,工程师,硕士,主要从事气象信息技术方面的研究;
　　　　　E-mail:haibin803@gmail.com。

计思想,开发设计了基于 WebGIS 技术的大城市精细化格点预报系统,实现各类气象信息综合处理、基于格点订正的图形化预报编辑、预报产品自动生成等功能,极大提高了精细化预报工作效率。本文着重介绍了基于 WebGIS 技术的精细化格点预报系统开发、设计与实现。

1 总体分析和设计

1.1 基于格点订正的业务流程分析

不同于目前的站点天气预报制作,精细化格点预报系统是人机交互式的格点预报编辑平台。图 1 为格点预报系统业务流程图,系统引入高分辨率数值模式指导产品作为初始场,结合地理信息数据形成直观的图像界面,依赖格点编辑工具进行图形化预报编辑对格点预报进行订正,然后通过分析格点预报产品自动生成发布各种类型的预报服务产品(类型为文本、网页、PDF、图片等),并与中国气象局全国气象要素预报产品库(NWFD)进行对接。基于格点订正的预报业务系统,提高了高分辨率数值模式预报的综合应用能力,协调了各种预报产品之间的一致性,能够满足各类用户的精细化天气预报需求。精细化格点预报系统是上海一体化预报预警制作业务的核心部分。如图 1 所示,格点预报系统由 3 个主要模块组成:数值模式指导产品库、格点编辑工具库和预报产品生成。

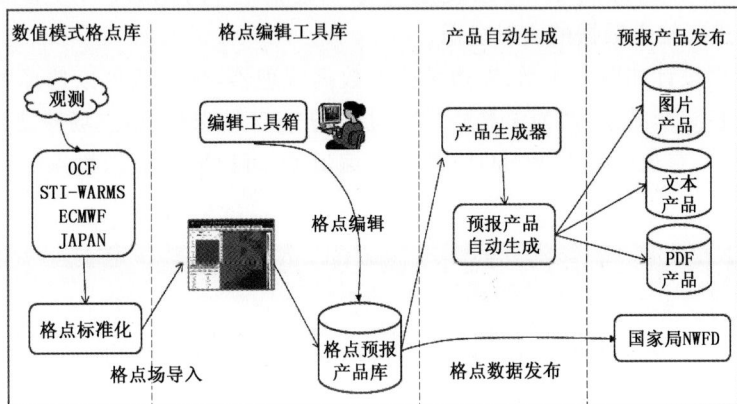

图 1　精细化格点预报系统业务流程
(最优化集成预报 OCF、区域中尺度数值预报 STI-WARMS、欧洲中期
天气预报中心数值预报 ECMWF、日本气象厅数值预报 JAPAN)

1.2 系统软件环境

系统采用浏览器/服务器模式(B/S)架构设计。服务器端支持地理信息(GIS)服务,实现订正地理范围和图层的管理,同时负责格点数据解析、格点预报保存及授权管理等。客户端部分负责将 GIS 信息和气象数据同步显示给用户。此外,客户端嵌入了大量的逻辑脚本,负责图形操作、区域编辑、格点订正等功能操作,同时还需要进行编辑工具和预报产品生成等业务逻辑处理程序的调用。

系统以 Windows 操作系统为开发环境,在 VS2005 框架下采用 C++ 和 C# 两种开发语言进行代码研发,后台数据库采用 MS SQL Server 和数值模式格点库存储,地理信息平台以 WebGIS 的方式提供地图数据和用户程序接口。数值预报指导场是格点编辑的基础,以二进制文件(要素、时次、分辨率)的方式进行存储在数值模式格点库。服务程序负责对格点数据的处理,实现业务逻辑层中的复杂逻辑和空间算法实现,采用了 C++语言编写,客户端应用采用了 C♯语言和脚本编写,可适应性和扩展能力较好。由于需要处理的格点数据量非常大,用客户端脚本的方式处理大数据会比较慢,系统采用了插件方式将格点数据叠加到地图上,使用 WebGIS 技术为表现层提供地理信息服务。

2 系统框架和主要功能模块实现

2.1 基于 WebGIS 技术的软件框架设计

系统采用基于网络地理信息系统(WebGIS)和 B/S 三层框架结构,包括数据访问层、业务逻辑层和表示层。数据访问层主要是访问天气数据库、数值模式库、格点预报库等元数据的操作层;业务逻辑层针对具体业务,进行复杂逻辑判断和格点编辑算法的实现,连接表示层和数据访问层;表示层提供了格点数据的调入、编辑、反演、保存等交互操作的用户接口。为了能够拥有较好的交互体验,系统引入了异步请求技术(asynchronous Javascript and XML,简称 AJAX)实现客户端与服务器端无页面刷新的形式来进行数据传输。系统中采用了插件将格点场数据叠加到 Web 地图上,WebGIS 界面发送请求给系统服务进行编辑算法的调用,当系统服务完成之后再将计算或者反演结果返回到 WebGIS 界面进行格点数据的实时显示。

客户端界面设计如图 2 所示:左边是格点数据管理器,预报员可以选择不同时次,引入不同模式的指导产品;上边为工具栏,可以快速进行区域选择、格点场移动、编辑和曲线反演模块调用等;右边为基于 WebGIS 的空间编辑器,可以同步显示格点数据的修改,进行图形编辑。

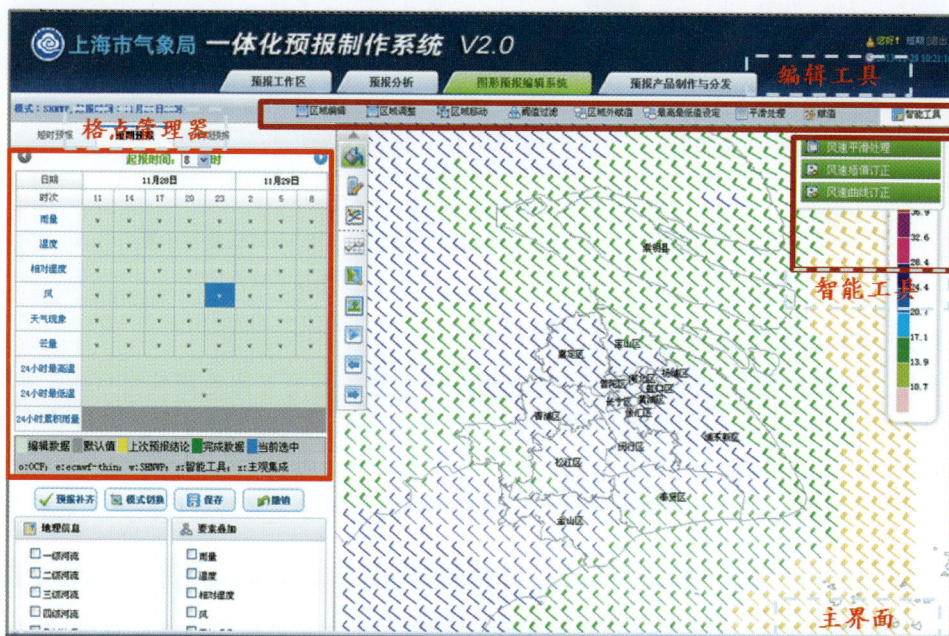

图 2   基于 WebGIS 技术的客户端界面

2.2 数值模式格点库开发

上海数值模式指导产品包括快速同化更新系统（RUC）、区域中尺度模式（STI-WARMS）、EC 高分辨模式（ECMWF）、日本高分辨模式（JAPAN）、最优集成预报（OCF）等，预报时效从 12 h 到最长达 7 d，空间分辨率基于格点预报系统的运行速度原因，可采用不同的分辨率，预报要素包括最低温度、最高温度、温度、相对湿度、风向、风速、天气现象及降水量等。如图 3b 所示，系统可以基于上一次预报结果进行更新修正，也可以导入数值模式产品重新编辑订正，可根据不同预报时次和要素选择导入不同的数值模式产品，最优化集成预报（OCF）是系统默认首选指导产品。

图形化预报编辑需要交互处理的格点数据量非常大，为提升运行速度，数值模式格点库中建立了标准网格数据层，如图 3a 所示，将模式格点数据统一到 3 km 或 5 km 的格点场中，并在格点管理器中进行了大容量数据缓存处理提升访问性能。另外，在格点管理器中，将默认数据、上次预报结论、保存数据、选中数据用不同的颜色进行区别显示，同时用不同的字母区别不同的模式产品。针对缺报格点场，系统可应用 3 次样条或者抛物线插值方法补齐缺报时次，采用字母"s"标示。

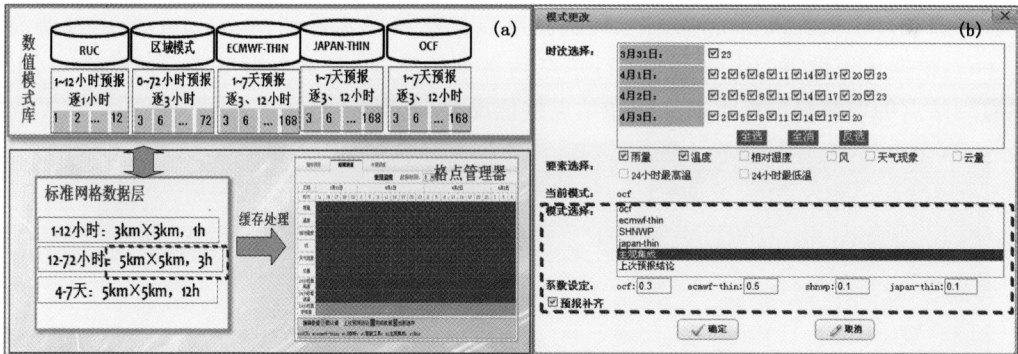

图 3　数值模式格点库应用
（a）标准网格数据层示意；（b）格点管理器中"模式切换"界面

2.3 编辑工具库

编辑工具库是为格点预报进行图形编辑引申提出的，主要实现将格点编辑算法应用到交互式图形化预报制作中去，并使格点数据订正结果在 WebGIS 界面中同步更新。系统实现了多种编辑工具，包括平滑、过滤、增减、插值、合成、平移、区域操作等。可以通过图形编辑的方式，直接编辑格点场数据。另外，实现了格点与站点的转换反演及时空的影响反演计算，建立了依赖基准站的曲线订正反演模型和站点预报影响模型，将模型中基准站点反演到"面"预报，同时面反演和时间序列反演结合，实现多时次预报快速订正。如下，公式（1）是基准站反演到"面"预报的反距离影响差值算法，公式（2）是时间序列反演公式。先考查公式（1）：

$$f(i) = W_0 + \sum_{i=1}^{n}(W_i - W_0)\frac{D^2 - d_i^2}{D^2 + d_i^2} \bigg/ \sum_{i=1}^{n}\frac{D^2 - d_i^2}{D^2 + d_i^2} \tag{1}$$

式中：W_0 为原始格点值，W_i 为影响范围内基准点值，D 是预报员设定的影响半径，d_i 是格点到基准点的距离。再考查公式（2）：

$$f(i) = \frac{\max T(T_i - T_{\min}) + \min T(T_{\max} - T_i)}{T_{\max} + T_{\min}} \qquad (2)$$

式中：$T_{\max}$、$T_{\min}$是时序最高、最低值，T_i是原始值。

　　系统设计了拉格朗日、抛物线插值、3次样条等不同算法对缺报时次进行拟合插值，提高模式资料的可用度。建立了时空、天气要素一致性调整技术，预报员在制作天气预报时，修改一个要素(天气现象、降水量)的预报，系统能够自动实现相关要素的修改，提高了预报制作效率，避免天气现象、降水量、云量等不同气象要素可能出现的预报不协调的现象。例如，目前天气现象分为降水要素(阵雨、阵雪、雨夹雪)和非降水要素(晴天、多云、阴天等)，修改降水量为有降水时，天气现象必须在降水要素中选择，天气现象与降水量按照规则始终保持一致。另外，修改一个时刻的预报，系统能够根据线性关系进行前后一段时间内要素的自动修改，保证了同一气象要素在时间上变化的连续性。

　　图4a1,a2是应用编辑工具"中值滤波"平滑处理的示例。中值滤波是基于排序统计理论有效抑制孤立点的非线性处理方法，图4a2为处理后的效果，工具可以有效地除去格点场中的孤立值。图4b1,b2是应用编辑工具"曲线订正反演"进行时间序列订正的示例。在曲线订正反演模型中，将对应时次基准点松江站降水量调高15 mm，金山站调高10 mm，根据预先设定的影响范围进行站点到格点的反演，图4b2为反演后的格点场，可以看到站点的调整根据格点初始场和站点差值反演到了格点场中。

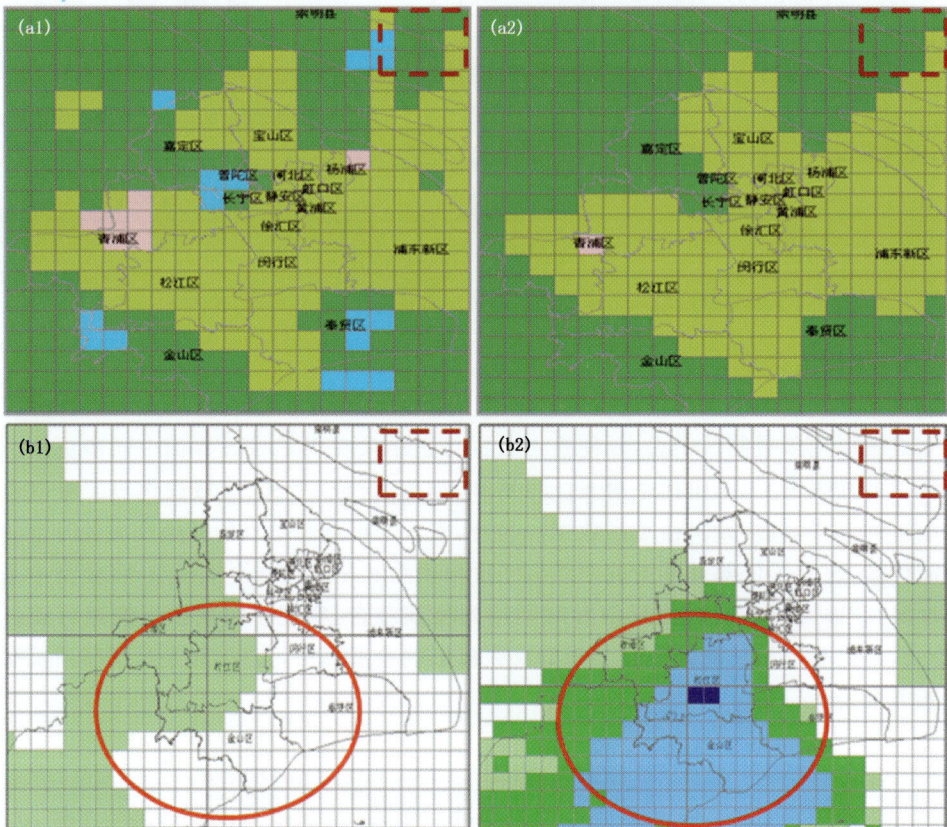

图4　格点预报编辑工具

(a1,a2:编辑前和应用编辑工具"中值滤波"后;b1,b2:编辑前和应用编辑工具"曲线订正反演"后)

2.4　预报产品生成模块

自然语言生成(natural language generation)是人工智能和计算语言学的分支,它的重点在于能生成用语言表示的可理解文本[4,5]。在精细化格点预报系统中,自然语言生成是预报产品自动生成的核心部分,它的主要输入是预报员订正后的格点预报场。预报产品自动生成是预报产品制作的引擎,主要是指基于格点编辑产品的预报文本和图形产品自动生成技术,包括确立基础语法库、确立转换规则库、格点预报场分析、区域识别、天气统计分析、转折点识别(包括时间点、语言转折、区域转折判断)、预报输出等技术要点。基于自然语言生成技术和原理,预报产品生成器针对订正之后的格点预报产品进行分析,通过插值、统计、推导计算等生成每个格点、城镇或者区域上的天气预报预警用语(包括天气、风、降水、温度及变化趋势描述),预报内容根据所需的天气尺度、时间尺度、空间尺度按照天气预报用语标准分类,然后生成各种类型如文本、PDF和图片等预报产品。

预报产品生成器中,格点向区域转换时自动生成区域天气预报的逻辑设计较复杂,其中涉及任意站点和不同区域的预报(站点、区县、中心城区、长江口区等),涉及针对不同用户的不同预报预警产品(广播稿、城市积涝、城市交通风险等),针对不同天气变化趋势用语的各种判别方法等。图5是逐3 h格点预报产品自动生成今明天气预报用语的算法流程图,系统基于基础语法库、GIS信息、系统知识库等信息对格点场进行分析,基于统计的方法确定区域内天气、温度、风向风速的识别,转折判断模块将其形成合乎语义合理的预报用语,其关键部分在于转折判断模块中时间、用语、区域的转折判断[6]。

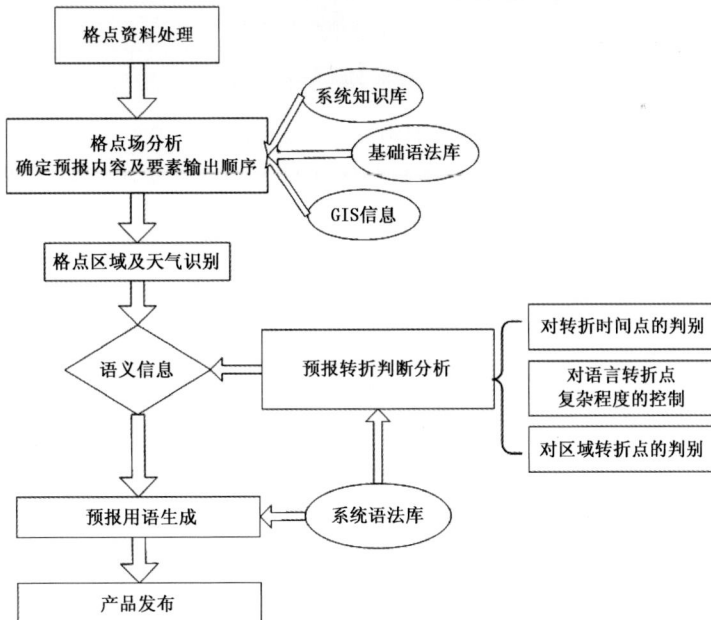

图5　预报用语生成流程图

预报产品生成模块通过网络服务(web service)或动态链接库(dynamic link library)的形式接入上海精细化格点预报系统中,基于格点场系统能够自动生成短临预报、今明天气描述、城市积涝、面预报等预报产品。目前,格点预报系统常态化提供了乡镇级的精细化预报,可以订制上海市任意地点(由经纬度确定)的逐 3 h 精细化预报,指导预报员制作一些衍生产品,如交通气象、体感温度、舒适度等。图 6 是目前格点自动生成的产品示例。

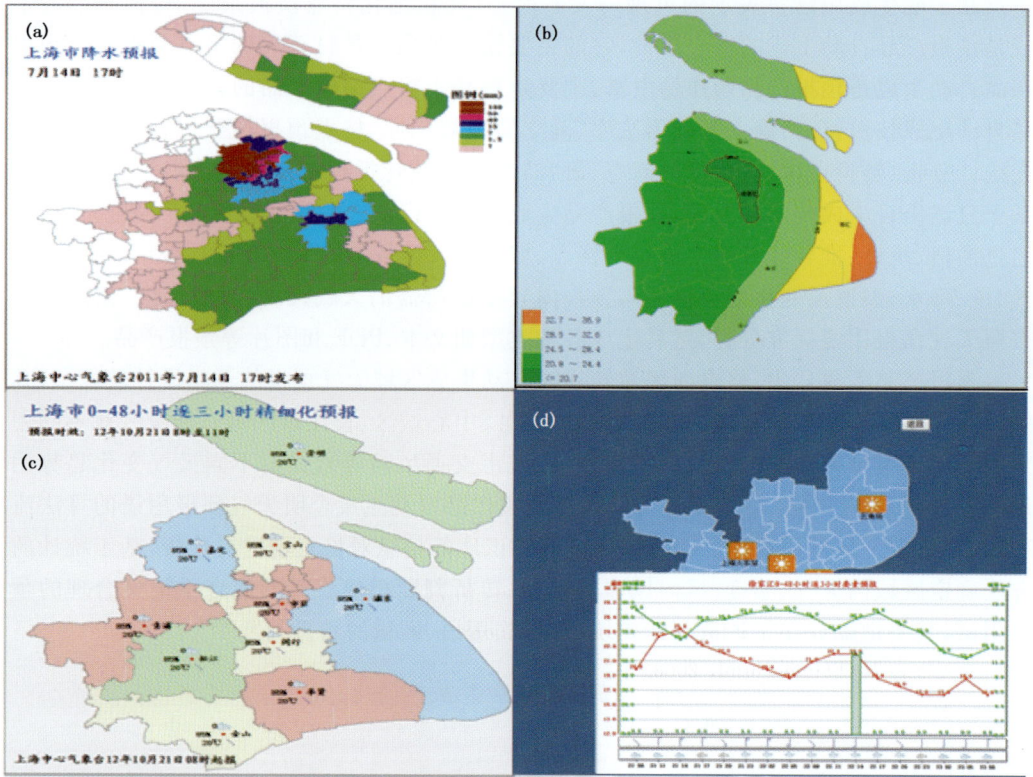

图 6   格点预报自动生成的精细化预报产品
(a)乡镇 3 h 降水预报;(b)极端大风;(c)分区县预报;(d)精细化站点预报

3   业务应用

精细化格点预报系统于 2013 年 11 月在上海中心气象台开始进行业务试验,在 2014 年 6 月正式投入业务应用,常态化发布精细化格点、站点等预报产品。在应用中系统体现了两个特点:一是预报产品得到丰富、预报格点精度提高的同时,预报员从大量重复或可自动完成的编辑、校正、产品发布工作中解放出来专注于格点编辑;二是基于 WebGIS 构架设计,管理维护简单,可以叠加显示大容量的空间和气象信息,能够进行格点预报编辑,并在 WebGIS 界面中同步更新;三是预报产品丰富,预报站点增加数倍,能够基本实现大城市精细化预报需求。目前,系统业务运行稳定,对上海市精细化预报起到关键技术支撑作用。

考虑到本地需求,短临预报为 0~12 h,一天制作 3 次(08 时、14 时和 20 时),短期预报为 12~72 h,一天制作两次(08 时、20 时),分辨率为 3~5 km。预报要素可以根据数值模式格点库和实际情况进行配置,满足智能手机、城际交通和旅游风景区等各类用户的精细化天气预报需求。

4　小结

本文主要介绍了基于 WebGIS 技术的大城市精细化格点预报系统的设计和实现。业务应用表明:

(1)格点预报系统的研发难点在于格点编辑工具库和预报产品自动生成的研究和实现。预报经验如何总结并融合到编辑工具库中仍需要大量实践经验和对各个区域、各种类型天气进行概念模型构造;而预报产品自动生成所需要的机器学习逻辑和自然语言生成技术有待进一步开发。

(2)系统需要在格点数据处理、软件系统性能、数值预报模式、检验系统等方面持续改进,并且扩大格点预报应用范围,降低预报员进行"二次修改编辑"。

(3)目前,精细化格点预报系统已经基本达成了设计初衷并稳定运行。进一步开发应用后,系统能够提高预报准确率和精细化水平,为上海市的精细化天气预报技术发展提供一个较好的方案。

参考文献

[1] NOAA ESRL. Graphical forecast editor information generation section [EB/OL]. http://gfesuite. noaa. gov/EFTHome. html, 2006.

[2] 王海宾,杨引明,漆梁波,等.澳大利亚气象局图形预报编辑器(GFE)介绍及分析[J].大气科学研究与应用,2012,**43**:109-116.

[3] 李月安,曹莉,高嵩,等. MICAPS 预报业务平台现状与发展[J].气象,2010,**36**(7):50-55.

[4] 常宝宝.自然语言分析与生成术语简介[J].术语标准化与信息技术,2010,(04):19-23.

[5] 司畅,张铁峰.关于自然语言生成技术的研究[J].信息技术,2010,(09):108-110.

[6] 胡玥,高小宇,李莉,等.自然语言合理句子的生成系统[J].计算机学报,2010,(03):535-544.

Design and Implement of Fine Gridded Forecast System Based on WebGIS

WANG Haibin　FAN Xuliang

(*Shanghai Meteorological Center*, *Shanghai*　200030)

Abstract

To satisfy weather forecast for the Shanghai metropolitan services and fine forecasting business needs, Fine Gridded Forecast System which is based on WebGIS technology and learnt from the NOAA GFE system and CMA MICAPS system was built in 2013. Unlike the current city forecasting production software, Fine Gridded Forecast System is an interactive graphical forecast production platform which is based on the revised grid. Its core function modules include numerical model guidance products, grid editing tools library and automatic generation of products. In this paper, graphical forecast production processes, technical framework gridded forecast system, software development environment and system core function modules and other design elements are carried out a more detailed description and analysis. Currently, the fine grid weather forecasting system has become a major platform for Shanghai Meteorological Bureau weather forecast business, normalized product and release $0-12$ hours by hour, $12-72$ hours by three hours gridded forecast products, and products based on the revised grid product pictures and townships, towns, important functional area forecasts.

闽中旅游气候资源特征及其优势浅析

阮锡章[1]　张昌荣[1]　洪维群[1]　刘明峰[2]　受苗苗[1]

(1 福建省尤溪县气象局　尤溪　365100；2 福建省永安市气象局　永安　366000)

提　要

利用尤溪、泰宁、汤川等地1971—2010年气温、相对湿度等气候资料,计算了人体舒适度指数,分析闽中地区旅游气候资源特点及其优势,并分析了适宜旅游季节。结果表明,闽中地区最佳旅游季节为春、秋季,最适宜旅游时期分别在3月下旬至5月下旬和9月下旬至11月上旬;该地区旅游气候资源丰富,森林氧吧旅游、生态旅游,中低海拔地区的休闲农业、立体农业观赏,峡谷山塘、库区景观和水上运动等旅游资源优势明显,高海拔地区夏季山区避暑度假游更有其独特的气候资源优势。

关键词　旅游气候资源　人体舒适度　适宜旅游季节　闽中地区

0　引　言

随着经济社会的不断发展,人们生活水平的提高,旅游越来越成为人们喜爱的户外活动,旅游事业也得到各级政府的高度重视。某地气候条件形成相应的自然风光或景观的优劣和对旅游活动的影响,我们称之为旅游气候资源,旅游活动直接受到气候条件的影响,不少学者对国内旅游胜地的旅游气候资源进行了评估[1-5]。福建闽中地区北靠武夷山,南有戴云山、玳瑁山脉等大小山脉,中间有闽江两大支流——沙溪、尤溪河自西(南)向东(北)穿过,山川、河谷纵横,森林茂盛,自然景色秀美,其气候属中亚热带季风气候,具有冬暖、春早、湿度大、云雾多、风力小、海拔高差大、立体气候明显等特点。美丽的自然景观配合当地复杂多样的小气候特色,形成闽中地区丰富的旅游气候资源,为旅游业发展提供了有利的基础条件。被誉为"中国最美铁路"的向莆铁路,西起江西省向塘站,东至福建省莆田东站,它斜穿福建中部地区,穿越茂密的森林和武夷山、大金湖、玉华洞、戴云山、青云山等名胜风景区,与山、水、城融为一体,交通便捷,大大拉近了福建省与内地省份的距离,动车在有力促进闽、赣等地交通事业和经济社会发展的同时,对于铁路沿线的旅游资源开发和发展旅游事业提供了良好机遇。因而,本文针对闽中地区向莆铁路沿线的旅游气候资源及其优势进行评估分析,为旅游业发展和气象服务工作提供参考。

资助项目:三明市科技发展计划项目。

作者简介:阮锡章(1963—),男,福建尤溪人,高级工程师,长期从事应用气象研究和天气预报服务等有关领域的研究;E-mail:rxz0622@163.com。

1 研究区域自然和气候特点

闽中地区地理上位于福建省中部——武夷山以南至戴云山脉之间,中间有鹫峰山、玳瑁山等大小山脉,山峦起伏,低山丘陵和中山等山地面积约占总面积的 85%以上,森林覆盖率达 70%~84%;地处低纬,属中亚热带季风气候,靠近西太平洋,太阳辐射较多,气候温暖,雨量充沛,海拔高差大,光、热、水资源地区分布差异大,构成多种多样的气候类型。采用候温划分四季[6],累年候平均气温<10℃为冬季,≥22℃为夏季,介于两者之间的为春、秋季,分别给出高(海拔 600 m 以上,以汤川为代表)、中(海拔 300~600 m,以管前、泰宁为代表)、低(海拔 300 m 以下,以尤溪为代表)海拔地区四季的起讫时间及其与省内外城市间的比较。

从表 1 看出,由于立体气候的影响,闽中各地不同海拔高度上的四季长短不一,低海拔地区夏长冬短,春秋相当,高海拔地区四季均匀;尤溪、沙溪两岸等低海拔地区 2 月开始进入春季,12 月末转入冬季;汤川与之相比,推迟一个月进入春季,提早一个月转入冬季,冬季持续长达 3 个月,但与北京相比,其冬季时长要短得多。

复杂的地形地貌和海洋性兼具大陆性季风气候特点提供了丰富的旅游气候资源,山林、水库、奇石、山洞、溪流、瀑布各种景观令人神往,云景、雾景、雪景、雨雾凇等气象景观可供观赏(图 1)。

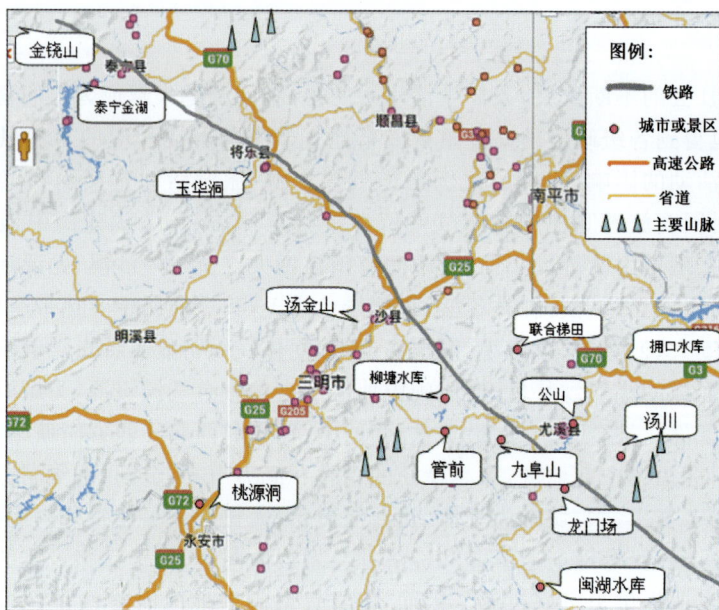

图 1 闽中各地主要景区、交通分布示意图

表 1　闽中地区部分站点的四季起止时间(候/月)、持续时长与厦门、北京比较

地点 (海拔高度)	春季			夏季			秋季			冬季		
	起日	止日	时长(d)	起日	止日	时长(d)	起日	止日	时长(d)	起日	止日	时长(d)
尤溪(126 m)	6/1	6/4	95	1/5	1/10	158	2/10	5/12	81	6/12	5/1	31
泰宁(345 m)	2/3	5/5	81	6/5	4/9	118	5/9	6/11	71	1/12	1/3	95
管前(540 m)	1/3	1/6	97	2/6	4/9	107	5/9	6/11	71	1/12	6/2	90
汤川(850 m)	1/3	3/6	107	4/6	2/9	87	3/9	5/11	76	6/11	6/2	95
厦门	1/1	4/4	110	5/4	2/11	204	3/11	6/12	51	/	/	/
北京	1/4	6/5	62	1/6	1/9	97	2/9	5/10	50	6/10	6/3	156

2　闽中旅游气候资源特点及气象景观

闽中地处东南沿海的内陆,全年干湿季分明,最冷月(1月)平均气温在5℃以上,最少日照时数出现在2月份,最热月和最多日照均在7月份,月平均气温低于28℃,汤川等高海拔地区极端最高气温为35℃以下;最少雨量是12月,最多雨量出现在5月或6月。年内气象要素变化均呈单峰型,雨热同季(表2,表3),夏无酷暑,冬无严寒,不同季节均适合旅游资源的开发,有着丰富多样的气象景观。

表 2　闽中气象要素累年平均(气温:℃,雨量:mm,日照:h)

月份		1	2	3	4	5	6	7	8	9	10	11	12	年均
尤溪	气温	8.9	10.7	14.7	19.3	22.8	25.3	27.9	27.2	24.7	19.9	15.1	10.5	18.9
	雨量	55.6	89.9	149.5	206.3	281.5	272.3	129.5	159.6	106.8	67.7	45.2	39.7	1603
	日照	112.6	90.9	108.0	124.1	134.0	145.7	247.1	224.7	178.9	156.4	123.2	119.0	1765
管前*	气温	6.7	8.5	12.6	17.3	20.8	23.3	26.0	25.3	22.7	17.9	13.0	8.3	16.9
	雨量	54.2	92.4	162.9	198.1	273.0	259.0	162.8	164.8	117.6	75.2	48.5	41.7	1650
汤川	气温	6.2	7.7	11.7	16.1	19.5	22.0	24.3	23.5	21.3	16.9	12.3	7.9	15.8
	雨量	57.0	94.1	149.6	185.4	290.2	263.6	166.4	210.7	162.6	69.5	49.9	41.2	1740
	日照	128.7	100.9	120.1	120.1	121.1	128.9	230.2	202.3	164.1	154.8	133.0	143.8	1748

注:管前站是位于中海拔地区重要的观测站,有近40 a的观测资料,但缺少日照观测资料。

2.1　冬暖春早,景色多样

低海拔地区冬季较温暖,1月平均气温7~9℃,比南昌、武汉、南京等主要城市要高5℃左右;极端最低气温一般>-6℃,特别尤溪沿河库区如闽湖水库、水东水库、拥口水库等,最低气温还要高出1~3℃,因此南亚热带作物在这些地区能够安全越冬和正常生长;2月初开始进入春季,沿河低海拔地区水汽充沛,加之冷湖效应,12月至次年5月多年平均雾日数达50~60 d,占全年60%~70%,在春夏之交的山地,满眼苍翠,云雾缭绕之中龙门场古银杏群以及闽湖、联合梯田上的云雾缥缈,美不胜收,给人留下不尽遐想;但这一季节是相对多雨的,出门旅游多关注天气预报,要备好雨具。高海拔地区冬季气温较低,汤川、管前等地1月平均气温4~7℃,在寒冷的冬季里,不时出现积雪和雨、雾凇等景观,3月开始进入春季,持续时长3个月左右。

表 3　闽中各旅游时段气候资源特点及适宜旅游景区

月份（所含节气）	旅游气候资源特征描述	适宜旅游景区（最佳节气）
3—5月（雨水、惊蛰、春分、清明、谷雨、立夏）	随着太阳位置北移，西南暖湿气流加强，气温回升；受冷暖空气交绥影响降水逐渐增加，气温变幅增大，有时出现强对流天气。累年平均月气温在 11～22℃，月雨量 140～290 mm，月日照时数 108～135 h	南溪书院、九阜山、公山、桃源洞、汤金山、枕头山、大金湖、闽湖、联合梯田（谷雨）等
6—8月（小满、芒种、夏至、小暑、大暑、立秋）	6月前期处于梅雨阶段，大雨较多；夏至前后雨季结束转为副高控制，晴热少雨，7月气温升至最高，8月时有午后有雷阵雨天气。台风影响是夏季降水量主要来源。累年平均月气温在 22～28℃，月雨量 130～273 mm，月日照时数 129～248 h	九阜山、公山、枕头山、大金湖、闽湖、桃源洞、汤金山、玉华洞、金铙山、汤川大峡谷、坂面蓬莱山等
9—11月（处暑、白露、秋分、寒露、霜降、立冬）	副高减弱南撤，降水量显著减少；秋分以后气温趋降，出现一场秋雨一场凉，晴朗天气多；少数年份副高较强，偶尔出现最高气温 35℃以上的"秋老虎"天气。累年平均月气温在 12～25℃，月雨量 45～163 mm，月日照时数 123～179 h	南溪书院、公山、九阜山、枕头山、大金湖、桃源洞、汤金山、玉华洞、闽湖、联合梯田（秋分）、龙门场古银杏群（立秋、处暑）等
12月至翌年2月（小雪、大雪、冬至、小寒、大寒、立春）	1月是全年的最冷月，受地面冷高压控制，空气较干燥，气温不断下降，常出现辐射降温型霜冻，多晴好天气；少数年份冷空气势力较弱或南下过程中变性，出现暖冬或连阴雨天气。累年平均月气温在 6～11℃，月雨量 40～94 mm，月日照时数 91～144 h	南溪书院、公山、九阜山、闽湖、桃源洞、汤金山、管前金柑园（小雪、大雪）等

2.2　夏日里的清凉世界

闽中低海拔地区夏季气候炎热，但地形地貌复杂，立体气候明显。尤溪县汤川乡海拔多在 600 m 以上，一些山脉海拔在 1200 m 以上，属于戴云山脉的主体部分，当地政府重视旅游开发，有漂流、库区水上运动和民宿等设施，拥有原始森林数千亩，平均气温 22～25℃，平均最高气温 28～29℃，平均最低气温 20～21℃，分别比低海拔地区低约 3～4℃、5～6℃和3℃左右；海拔近 700 m 的尤溪柳塘水库、泰宁金湖周边原始森林是盛夏避暑的好去处。在距向莆铁路尤溪站不到 8 km 的省级自然保护区——九阜山，海拔高度 200～1200 m 不等，分布着从南亚热带到中亚热带过渡的上千种动植物，有小溪蜿蜒山间 13 km，山泉清澈，森林茂密，空气清新，景色宜人，偶有山间瀑布、清水小塘，俨然是清凉世界，令人陶醉。

2.3　秋高气爽，稻香宜人

秋季（9月中旬至11月）是闽中地区的少雨季节，3 个月合计雨量 219.7 mm，占全年雨量 13.7%，雨量少于夏季，降水强度较弱，气温适宜，平均气温＜25℃，可登山浏览日出（如尤溪公山、坂面蓬莱山）；可在尤溪九阜山等国家和省级自然保护区，呼吸林间富含负氧离子的清新空气。秋季是收获的季节，可观赏闽中各县的休闲农业、果蔬观光农业，如尤溪管前金柑、洋中枕头山休闲农业观光园及各地油茶采摘、绿竹、食用菌等生产基地等；秋天是金色的，除了可欣赏路边五颜六色的苗木花卉、景观林外，还可以观赏世界闻名的最美梯田——尤溪联合梯田的金色稻浪，中仙龙门场古银杏群银杏叶黄落时天地一色的金黄世界。

3　闽中旅游气候资源优势及适宜旅游季节分析

气候条件不但是形成旅游气候资源的基础，也是影响旅游淡旺季的重要因素，人体受自然界中多种气象条件的综合影响，如在炎热而潮湿的夏季会感到闷热，在春光明媚、秋高气爽时觉得心情舒畅。邹旭恺等在这方面做了大量的研究，提出了多种旅游气象指数[7−11]。我们利用炎热指数，同时参照有关舒适度指数级别指标，划分成 7 个等级（表4），指数值越高，表示天气越热。舒适度计算公式如下：

$$I = T - 0.55(1 - RH)(T - 58) \tag{1}$$

式中：I 表示人体舒适度指数，$T(\text{℉}) = T(\text{℃}) \times 9/5 + 32$ 为环境温度，RH 表示相对湿度。

利用（1）式计算了尤溪、泰宁、汤川、厦门逐月、逐旬的人体舒适度指数，如表 5 所示。

表 4　舒适度指数级别划分指标

级别	指数范围	人体感觉和适宜旅游程度	级别	指数范围	人体感觉和适宜旅游程度
−3	$I<50$	冷或很冷,不宜旅游	1	$70 \leqslant I < 72$	较舒适,适宜旅游
−2	$50 \leqslant I < 60$	微冷,可适当安排旅游活动	2	$72 \leqslant I < 76$	微热,可适当安排旅游活动
−1	$60 \leqslant I < 65$	凉爽,适宜旅游	3	$I \geqslant 76$	热或很热,不宜旅游
0	$65 \leqslant I < 70$	舒适,非常适宜旅游活动			

表 5　尤溪、泰宁、汤川、厦门逐月人体舒适度指数

地点	1 月	2 月	3 月	4 月	5 月	6 月	7 月	8 月	9 月	10 月	11 月	12 月
尤溪	50.1	52.3	58.3	65.8	71.5	76.5	79.4	78.9	74.7	67.4	59.2	51.5
泰宁	44.6	47.4	53.9	62.9	69.2	74.7	77.9	77.4	72.5	64.8	55.5	47.3
汤川	44.5	46.9	53.5	60.7	66.3	70.5	74	72.9	69.3	62	54.5	47.4
厦门	55.1	54.9	58.4	65.2	71.6	77.2	80	79.7	76.6	71.2	65	58.5

由表 5 可见，闽中旅游气候资源是很丰富的，全年有 8～9 个月（2 月上旬至 12 月上旬，7—8 月有 2～5 旬除外）可供安排旅游活动，全年有两段最适宜旅游时期，分别出现在 3 月下旬至 5 月下旬和 9 月下旬至 11 月上旬，这个时期的人体舒适度指数介于 60～72 之间，人体感觉不冷不热，是最适宜的旅游季节，但前汛期（4—6 月）暴雨平均每年 2～3 d、强对流天气平均每月 1～2 次，旅游期间要实时关注天气预报。

由表 6、表 7 可见，闽中地区冬季的旅游气候逊于厦门，但在夏季闽中旅游气候资源更加丰富多样，汤川等高海拔地区最热月炎热指数均低于 77，适宜旅游活动时长达 11 旬；可适当安排旅游活动时长达 17 旬，比厦门还多 2 旬，不宜旅游的时长仅 8 旬，比纬度较高一些的泰宁少了一半，可见山地气候的影响是显著的；森林覆盖率在 70% 以上，森林氧吧旅游、低海拔地区的生态旅游、休闲观光农业、立体农业观赏等旅游有其独特的优势，闽中地区夏季山地旅游、避暑度假也是不错的选择。值得一提的是，在冬季降水稀少，时常晴空万里、阳光明媚，气温多在 10℃ 以上，也是青壮年人士不错的选择。

表6　各指数级别时长(旬)分布

指数级别	−3	−2	−1	0	1	2	3
尤溪	1	12	4	3	3	4	9
泰宁	9	7	2	5	3	3	7
汤川	6	10	3	6	2	7	2
厦门	0	11	3	5	3	4	10

表7　适宜旅游时长统计(单位:旬)

地点	适宜以上	可适当安排	不宜	合计	地点	适宜以上	可适当安排	不宜	合计
尤溪	10	16	10	36	汤川	11	17	8	36
泰宁	10	10	16	36	厦门	11	15	10	36

4　小结

(1)闽中地处东南沿海的内陆,冬暖春早,风力小,云雾多;海拔高差大、立体气候明显,气候温润,夏长冬短,春秋相当,适宜旅游季节时间长,有着丰富的旅游气候资源。

(2)闽中地区森林覆盖率在70%以上,自然景色秀美,气象景观丰富多样,森林氧吧旅游、生态旅游,中低海拔地区的休闲农业、立体农业观赏,峡谷山塘、库区景观和水上运动等旅游资源优势明显,高海拔地区夏季的山区避暑度假旅游更有其独特的气候资源优势。

(3)闽中旅游四季皆宜,可随个人的兴趣爱好、身体状况而定。对人体舒适度指数计算结果分析,闽中最佳旅游季节为春秋季,全年有8~9个月可供安排旅游活动,最适宜旅游时期分别在3月下旬至5月下旬和9月下旬至11月上旬;前汛期暴雨、强对流天气时有出现,旅游期间要关注天气预报。

参考文献

[1] 张莹,马敏劲,王式功,等.中国大陆九大名山风景区旅游气候舒适度评价.气象,2013,**39**(9):1221-1226.
[2] 任炳潭,马淑玲,盛建萍,等.洛阳旅游气候研究.气象,2001,**27**(2):55-57.
[3] 杨贤为,邹旭恺,马天健,等.黄山旅游气候指南.气象,1999,**25**(11):50-54.
[4] 马乃孚.湖北旅游气候资源的开发途径及其气象景观.气象,1993,**19**(9):45-48.
[5] 严晓瑜,刘玉兰,李剑萍,等.宁夏旅游气象服务效益评估和服务需求调查[J].气象科技,2012,**40**(6):1068-1074.
[6] 陆忠汉,陆长荣,王婉馨.实用气象手册[M].上海:上海辞书出版社,1984:424.
[7] 邹旭恺.长江三峡库区旅游气候资源评估[J].气象,2003,**29**(11):55-57.
[8] 严明良,沈树勤.环境气象指数的设计方法探讨[J].气象科技,2005,**33**(6):583-588.
[9] 周蕾芝.旅游活动的适宜气候指标分析[J].气象科技,1998,(1):60-63.
[10] 郭菊馨,白波,王自英,等.滇西北旅游景区气象指数预报方法研究[J].气象科技,2005,**33**(6):604-608.
[11] 陈胜军,樊高峰,郭力民.浙江海岛休闲旅游适宜时段研究[J].气象科技,2006,**34**(6):719-723.

Analysis of the Characteristics and Advantages of the Tourism Climatic Resources in Central Fujian

RUAN Xizhang[1]　　*ZHANG Changrong*[1]　　*HONG Weiqun*[1]

LIU Mingfeng[2]　　*SHOU Miaomiao*[1]

(1 *Meteorological Office of Youxi County*, *Youxi*　365100;

2 *Meteorological Office of Yong'an City*, *Yong'an*　366000)

Abstract

By using air temperature, relative humidity and other weather data at Youxi, Taining, Tangchuan and other places from 1971 to 2010, the human comfort index was calculated, the characteristics of central Fujian tourism climate resources and its advantages were analyzed, and the appropriate travel season was pointed out. The results showed that the best tourist season in central Fujian Province is in spring and autumn, and the most suitable travel periods are beginning in late March to late May and late September to early November. The area is rich in tourism and climate resources, for example, forest oxygen tourism, eco-tourism, leisure in low altitude areas of agriculture, agro-three dimensional viewing, canyon and ponds, reservoir water sports landscape etc. Besides, the high-altitude mountain summer vacation tours have their unique advantages of climatic resources.

宿迁地区雾的气候特征和统计预报方法

叶　剑[1]　郭胜利[1]　赵燕华[2]　丘文先[2]

张　莹[2]　庞　礴[2]　张　彬[2]

(1 南京信息工程大学　南京　210044；2 江苏省宿迁市气象局　宿迁　223800)

提　要

本文使用宿豫气象观测站 2004—2011 年能见度观测资料,分析了宿迁地区雾的气候特征及其与要素场的关系,总结出宿迁地区雾的基本变化规律。通过对 183 个雾日的个例分析,归纳出宿迁地区形成雾的气象条件和预报指标,并建立了统计预报方程;同时利用 Visual Basic 语言设计编写了宿迁地区雾的预报平台,该平台收集了 2004 年以来宿迁市雾的个例,并具有预报未来 3 d 雾发生潜势的功能,可提高宿迁地区雾的预报准确性。

关键词　雾　气候特征　统计预报

0　引　言

雾是近地层空气中悬浮着的大量水滴和(或)冰晶微粒而使水平能见度小于 1 km 的天气现象,是宿迁地区常见的灾害性天气。出现浓雾时,能见度很低,对交通危害很大,同时还会加剧近地层的空气污染,危害人体健康[1]。例如,2008 年 11 月 12 日凌晨,宁宿徐高速公路泗洪段突然出现团雾,以致泗洪县境内连续发生 7 起车祸,造成 6 人死亡、7 人受伤。国内外学者也对雾的特征和成因进行了一系列研究[2-6],发现大城市雾与当地特殊的地理条件、城市热岛效应和严重的大气污染密切相关。

在对雾发生的基本规律有一定掌握后,近年来我国各地的学者在雾的预报方法方面也做了很多研究[7-10]。雾是宿迁地区的灾害性天气,但目前缺少系统性的总结和分析,还没有有效的相关预报方法或环流背景模型。因此,对宿迁地区的雾天气统计分析是必要的,特别是在全球变暖、各种极端气候事件频繁发生的大背景下,有着更为重大的现实意义。

1　资料介绍

所用资料为宿豫观测站人工观测 2004—2011 年雾日数及雾日最低能见度资料,提取

作者简介:叶剑(1980—),男,江苏宿迁人,工程师,主要从事预报服务;

E-mail:yejian1980@163.com。

出能见度低于 1000 m 的雾日数 183 个;NCEP/NCAR 提供的 500 hPa 位势高度场资料,地面 A 文件中提取出的气温、露点温度、相对湿度、风速等要素资料。

2 宿迁市雾的气候特征分析

宿迁的雾主要分为辐射雾、平流雾和混合雾,形成各类雾的天气形势和有关气象要素的变化虽各不相同,但其基本的成雾条件是:风速小,空气层结稳定(常有逆温),相对湿度大,有丰富的凝结核,基于以上成雾条件,天气状况、大气成分、测站环境等发生的变化会影响到雾出现日数的变化。

雾日数变化的原因是复杂的,诸多文献对雾日数变化的原因进行了初步解释,形成了以下共识:气温升高、相对湿度减小不利于雾的形成;空气污染加重,大气气溶胶粒子增多对雾形成有双重作用,一方面大部分气溶胶粒子可成为雾滴凝结核,使雾滴数密度增加,另一方面由于其辐射效应,在夜晚增加大气向地面的长波逆辐射,减弱地面辐射降温,直接影响雾的形成。雾的形成主要是由于近地面冷空气的冷却作用,主要有绝热冷却、辐射冷却、接触冷却、平流冷却和湍流冷却。因此雾发生日数有明显的气候特征。

2.1 宿迁市雾的年际变化特征

图 1 给出了 2004—2011 年逐年宿迁地区能见度小于 1000 m 的雾发生日数,由图可见,各年雾的日数有较大差别,最多的年份出现在 2006 年,有 42 d;而最少的在 2010 年,只有 9 d;2004—2011 年的年平均能见度小于 1000 m 的雾约 23 d。

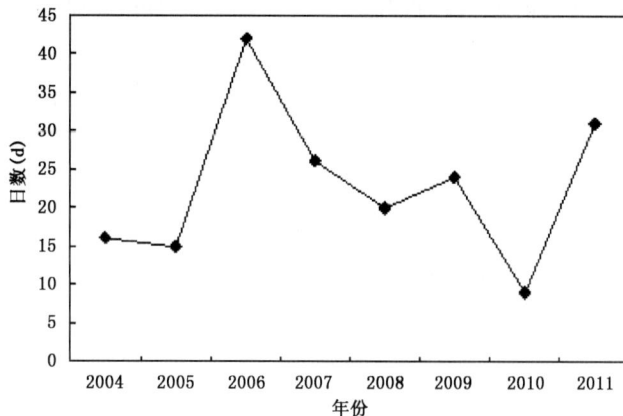

图 1   2004—2011 年宿迁市各年发生雾的日数(单位:d)

2.2 宿迁市雾的季节变化特征

图 2 给出宿迁地区 2004—2011 年各季平均雾日数,由图可见:宿迁地区四季中以秋季雾最多,占全年的 40%,冬季次之,占全年的 25%,夏、春季最少,占 19%、16%。这种季节性变化可以从宿迁的季节环流背景特征和雾的形成机理加以解释。10—11 月由于北方冷空气开始频频南下,影响本市,夜间辐射降温加剧,加上深秋宿迁地区水汽仍较充沛,故秋季雾日最多,冬季 12 月—次年 1 月,宿迁地区基本处于变性冷高压控制下,夜间辐射冷却最为强烈,且清晨多微风有利于成雾,故冬季雾日也较多。2—4 月是宿迁较为

寒冷的季节,空气的湿度较小,不易形成雾,雾日最少。而 7—9 月夏季风盛行,是一年中温度最高的季节,一般夜间辐射冷却降温平缓,空气湿度难以达到饱和,同时没有较强冷平流影响,所以雾日较少。

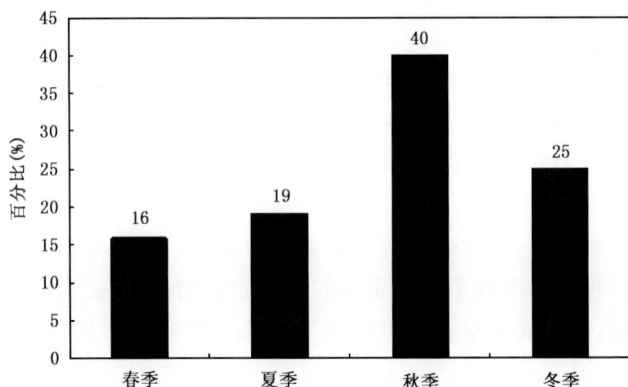

图 2　宿迁地区 2004—2011 年平均的各季雾日数占年均雾日数的百分比

2.3　宿迁市雾的月际变化特征

图 3 给出的是宿迁市 2004—2011 年平均各月的雾日数,由图可见:宿迁市各月均可以发生雾,主要峰值在 10 月份,月平均 4.6 d,11 月份略少于 10 月,次峰在 6 月,月平均 2.3 d。盛发期主要在 10—11 月份,最少在夏季的 8 月份。这种季节性变化可以从宿迁的季节环流背景特征和雾的形成机理加以解释。10—11 月由于北方冷空气开始频频南下,影响本市,夜间辐射降温加剧,加上深秋宿迁地区水汽仍较充沛,故雾日最多,冬季 12 月—次年 1 月,宿迁基本处于变性冷高压控制下,夜间辐射冷却最为强烈,且清晨多微风,且宿迁河网相对较多,低层空气中富含水汽,因此也易形成雾。2—4 月是宿迁较为寒冷的季节,但在这个时期,空气的湿度较小,不易形成雾。6—7 月宿迁地区由于雨水较多,空气湿度较大,同时降雨过后降温也较明显,因此该时期也是宿迁雾较多的时期。而 8—9 月夏季风盛行,是一年中温度最高的季节,一般夜间辐射冷却降温平缓,空气湿度难以达到饱和,同时没有较强冷平流影响,所以雾日较少。

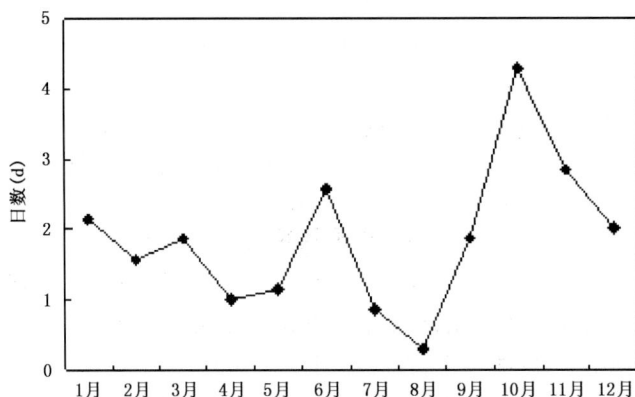

图 3　宿迁市 2004—2011 年平均各月雾日数的月际变化

2.4　宿迁市雾的环流特征

通过对雾形成影响较典型的 10 个过程个例的高空环流合成分析,可以发现,有利于雾形成的高空 500 hPa 环流形势主要有低槽前型和沿海槽型两种形势。当高空形势处于低槽前型时,宿迁地区处于南支槽槽前,南支槽的水汽输送作用使得空气中的水汽增多,同时,槽前的暖湿气流亦将有利于近地层大气逆温层的形成,而雾形成的条件之中水汽和逆温层是十分重要的条件。高空环流形势为沿海槽型时,即易出现由于辐射冷却所导致的近地层大气降温过程,当近地层水汽比较充沛,且当微风时,辐射降温成为雾形成的十分重要的条件之一。宿迁地区雾与鞍形场、弱高压及倒槽和锋面天气系统密切相关,而最重要的控制天气型为地面鞍形场,如在锋前型中,不难发现鞍形场的明显作用。事实上,鞍形场控制意味着在鞍形场辐合轴作用下的海洋暖湿气流易在宿迁地区汇聚。在天气形势明确后,雾是否能够形成将取决于近地面层温湿度条件、风场条件及大气层结是否有利——低层是否将形成逆温层并维持。

3　用逐步回归方法判别宿迁地区雾的形成

逐步回归分析的基本思路是,根据各个自变量方差贡献的大小,每次引入一个在所有尚未进入方程的自变量中方差贡献最大而且达到一定显著水平的自变量建立回归方程;同时计算引进新变量后在原方程中的自变量对因变量的方差贡献,把那些由于新变量的进入而对因变量的方差贡献变得不显著的变量剔除掉,建立新的回归方程。这样逐步引入新的方差贡献显著的自变量,逐步剔除不显著的自变量,从而保证方程中始终只保留对因变量方差贡献显著的自变量。这种"筛选"过程一直进行到所有可供选择的变量中再也没有对因变量方差贡献显著的变量可以引进,再也没有对因变量方差贡献不显著的变量需要剔除为止。由于逐步回归方程中的自变量已经经过统计检验,在一定的置信水平下保证所有的回归系数总体值均不为零。因此,逐步回归分析建立的回归方程也被称作"最优"回归方程。

根据前面 183 个雾日的统计研究,宿迁地区的雾一般都是平流雾和辐射雾,其中又以辐射雾居多。辐射雾是由于近地面层空气接触冷却的地面和空气本身的辐射冷却导致近地层水汽凝结成悬浮的微小水滴而形成的雾,多形成于晴朗、微风且近地面层水汽比较充沛的夜晚或清晨,一般于次日午前消散。辐射雾的形成一般应满足以下条件:①冷却条件:晴朗无云的夜晚,地面有效辐射强,气温下降幅度大,当气温下降到露点温度以下时,便形成雾;②湿度条件:近地面层空气湿度越大,越有利于形成辐射雾。一般来说,阴转晴,雨转晴,连续晴天且连续有雾的天气湿度大,高压后部转南风湿度也将增大;③风力条件:地面为微风,风向不定,一般最大风速不超过 3 m/s;④稳定度条件:近地面大气层结稳定,伴有逆温层。

为了提高雾的预报准确率,本文对统计样本进行"无雾"样本筛除处理,以近年来雾日数发生较多的 2011 年为例,统计雾发生时各气象要素的变化特征,确定在宿迁地区 2011 年统计样本中筛除"无雾"样本的指标为:

(1)预报未来 24 h 宿迁地区有降水;

(2)预报次日晨 08 时 10 m 高度风速大于 5.5 m/s;

　　(3)预报次日晨 08 时百叶箱空气相对湿度小于 80%;

　　(4)预报次日晨 08 时百叶箱气温与 850 hPa 层气温差大于 8℃;

　　(5)预报次日百叶箱空气温度露点差大于 3℃。

　　根据上述指标对 2011 年的 365 个样本进行筛选处理,可筛除"无雾"样本 252 个,但其中有 2 个"有雾"样本被误筛,剩下的 113 个为初定"有雾"样本,这表明筛选指标的漏报率仅为 1.7%,拟合率达到 98.3%。

　　在对宿迁雾的气候特征、天气形势和形成机制分析的基础上,选取一些与雾有关的初级预报因子,并增加了复合因子,然后经过分析和相关性计算,确定最终的入选因子。对 113 个初定"有雾"样本,根据环流形势分析和物理量分析结论,选取如下预报因子:①次日 08 时宿迁地面相对湿度;②次日 08 时宿迁邻近 850 hPa 气温;③次日 08 时宿迁地面与邻近 850 hPa 温度差值;④次日 08 时宿迁地面 $T-T_d$;

　　入选的 4 个因子经过逐步回归分析后,得到如下预报方程:

$$Y = -2.659 + 0.034X_1 - 0.01X_2$$

式中:X_1 为次日 08 时地面相对湿度,X_2 为次日 08 时 850 hPa 温度。由于 X_1 和 X_2 为次日要素,参照统计释用预报(MOS)方法,用数值模式输出的预报产品求取 X_1 和 X_2,由于宿迁经纬度为 118.16°E,34.03°N,故 X_1 和 X_2 均取 118°E,34°N 值近似代替宿迁的值。

　　用以上方程对原始数据进行回代,根据准确率最高的原则,确定临界值 Y_c,当 $Y > Y_c$ 时判定宿迁地区有雾,反之无雾。该模型对宿迁 4 个站点的检验效果较好,沭阳的 TS 评分达到 87.25% 以上,宿豫最差,为 53.04%;

4　宿迁地区雾预报平台设计

　　基于以上方程,利用 Visual Basic 语言设计编写了宿迁地区雾预报平台,同时该平台还收集了 2004 年以来宿迁市雾个例,包括雾实况及雾发生前的高空图和地面图,可以方便地寻找相似个例,进行对比分析。该平台在预报员初步判断天气形势有利于成雾时进行使用,可以自动获取 T639 谱模式预报的相对湿度、温度露点差、风速、850 hPa 气温等要素场,在筛选处理后代入回归方程进行计算,得到 24 h 内有无雾发生的预报,此外,该平台还具有未来 3 d 延伸期预报功能,点击延伸期预报按钮,系统会自动获取未来 3 d 的数据进行计算,得到未来 3 d 有无雾发生可能的结果。该平台操作简单,易于移植,对于雾预报方法有详细说明,方便查询历史个例,目前已投入业务运行,对宿迁市雾预报具有指示意义。

　　另外,该平台还具有检索本地资料的功能,在读取资料成功后,点击"前翻"或者"后翻"按钮,系统自动读取当前时间的前一天或者后一天的相对湿度、风速、850 hPa 温度以及其与地面的温差,此时点击计算按钮,即可以计算所需时效的雾情况。

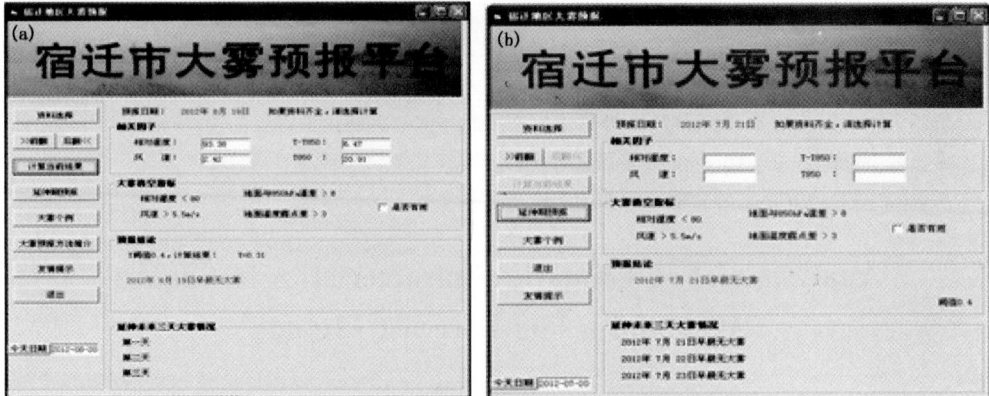

图 4　宿迁市雾预报平台操作主界面
(a)预报 24 h 内雾潜势;(b)未来 3 d 延伸期预报

5　结论

(1)本文使用宿豫观测站 2004—2011 年雾发生日数及雾日最低能见度资料进行分析,讨论了宿迁雾的年际、季际和月际变化特征,发现宿迁地区的雾具有显著的时间变化特征。

(2)利用筛选法和逐步回归方法,在对宿迁雾发生的气候特征、天气形势和形成机制分析的基础上,选取一些与雾有关的初级预报因子,并增加了复合因子,然后经过分析和相关性计算,确定最终的入选因子来判别宿迁雾,最后建立了宿迁地区的雾预报方程,对雾预报的客观定性化取得了较好的效果,提高了预报准确性。

(3)开发了宿迁地区雾预报平台,当判断次日地面形势符合雾发生的几种地面形势场后,该平台可以自动读取次日 08 时 T639 模式预报的要素场,做出次日有无雾的预报,此外,该平台还可以做出未来 3 d 是否有雾的预报。

(4)本文提出的预报方法还要结合预报员对天气形势的掌握,由于其建立在数值预报产品对要素预报能力的基础上,该预报方法的准确性还同时依赖于数值预报的准确性。

参考文献

[1]　周斌斌.论雾与污染的关系[J].气象,1994,**20**(9):19-24.

[2]　冯民学,袁成松,卞光辉,等.沪宁高速公路无锡段春季浓雾的实时监测和若干特征[J].气象科学,2003,**23**(4):435-444.

[3]　赵玉广,李江波,康锡言.用 PP 方法做河北省雾的分县预报[J].气象,2004,**30**(6):43-47.

[4]　樊琦,王安宇,范绍佳,等.珠江三角洲地区一次辐射雾的数值模拟研究[J].气象科学,2004,**24**(1):1-8.

[5]　程丛兰,李青春,刘伟东,等.北京地区一次典型雾天气的空气污染过程物理量分布特征[J].气象科技,2003,**31**:345-350.

[6]　董剑希,雷恒池,等.北京及周边地区一次雾的数值模拟及诊断分析[J].气候与环境研究,2006,**11**

　　　　(2):175-184.

[7]　林建,杨贵名,毛冬艳.我国雾的时空分布特征及其发生的环流形势[J].气候与环境研究,2008,**13**
　　　　(2):171-181.

[8]　贺皓,姜创业,徐旭然.利用 MM5 模式输出产品制作雾的客观预报[J].气象,2002,**28**(9):41.

[9]　李云泉,陆琛莉,范晓红.嘉兴市雾预报方法[J].浙江气象,2005,**28**(1):14-17.

[10]　吴洪.北京地区雾形成的分析和预报[J].应用气象学报,2000,**11**(5):124-127.

Analysis of Fog Climatic Characteristics in Suqian Area and a Fog Forecast Method

YE Jian[1]　　GUO Shengli[1]　　ZHAO Yanhua[2]　　QIU Wenxian[2]

ZHANG Ying[2]　　PANG Bo[2]　　ZHANG Bin[2]

(1 Nanjing University of Information Science & Technology, Nanjing　210044;

2 Suqian Meteorological Office, Suqian　223800)

Abstract

Analysis of fog characters in Suqian area and a platform for fog forecast are made based on the meteorological observations at Suqian Meteorological Observatory during 2004—2011, and the climatological characteristics of fogs in Suqian and their relationship with various meteorological parameters are analyzed. A method for short-range forecasting of fog and forecast equation are provided by analyzing 183 cases of fog processes. The fog forecast platform is developed using VB language. The platform has collected all the historical fog cases since 2004 and provides the fog prediction for next three days to improve prediction quality.